AF382422

Nicolas Tchekhoff

Le Pigeon

Recueil de
petits et grands gestes pour
« sauver le monde »

Édition : BoD – Books on Demand, info@bod.fr.
Impression : BoD – Books on Demand, In de Tarpen 42,
Norderstedt (Allemagne)

Impression à la demande
ISBN : 978-2-3224-8695-3
Dépôt légal : Janvier 2024

Table des matières

« Le Pigeon est un oiseau, assez gros, le plus souvent en nuances de gris, très commun dans les villes, connu pour sa démarche incertaine et pour son cri, le roucoulement.

Dans un registre familier, c'est un homme naïf, facile à duper. » <u>larousse.fr</u>

Prologue

Nous y voilà.

Au pied du mur, au bord du gouffre, sur la sellette, au bout du rouleau, en sursis, prêts à péter les plombs…
On s'est bien marré, Mère Nature a encaissé beaucoup de nos excès, mais d'après les spécialistes, nous allons devoir nous adapter à de grands changements.
Le Gulf Stream ralentit, l'atmosphère s'affaisse, les océans changent de couleur.
L'eau pure devient de plus en plus rare, les forêts sont rasées, brulées, le désert s'élargit, il ne reste que trois pour cent d'animaux sauvages.
La pollution tue plus de dix millions d'humains par an…
Nous devons trouver un moyen de ralentir la consommation abusive de ressources afin d'éviter la catastrophe.

On me dit souvent que lorsqu'on est alarmiste, les gens baissent les bras. Je rappelle que l'avenir est très incertain, il y a eu plus d'avancées techniques ces dernières années que durant tout le siècle dernier.

Un monde meilleur est possible.
Des villes connectées à la terre, sans pesticide, une eau pure…

On a le droit de rêver, et les enfants ont besoin d'espoir pour s'épanouir, tout comme nous.

Mais on doit aussi être réalistes : une éruption volcanique pourrait provoquer une ère glaciaire, une météorite pourrait nous anéantir, un virus mortel pourrait nous décimer... Il est bon de relativiser.

Je veux voir la réalité en face, découvrir la vérité, comprendre, grandir, devenir un adulte responsable, tout en gardant mon âme d'enfant.

J'accepte qu'il soit peut-être déjà trop tard, et je fais tout mon possible pour changer les choses au cas où cela ne serait pas le cas.

Quoi qu'il advienne, il sera toujours possible de faire mieux.

J'ai trouvé un but à ma vie : raconter l'histoire d'un avenir souhaitable, donner de l'espoir, participer à la création d'un monde nouveau, faire partie de ceux qui changent les choses.

Bien trop de personnes sont aujourd'hui encore dans la dualité, le combat, la compétition, le déni …

Ils jugent le comportement, le physique, la tenue vestimentaire…

Et bien sûr… ils jugent aussi les émotions des autres.

L'ego, dont la définition est torturée par les philosophes, nous oppose à la nature. Alors que nous sommes la nature, nous faisons partie de cette biodiversité en danger.

Sans la nature, nous ne valons rien.

Nous avons besoin d'elle, elle n'a pas besoin de nous.

Nous nous croyons intelligents, alors qu'il y a plus de complexité dans une algue que dans n'importe quelle micropuce.

Notre ego parfois démesuré nous fait croire que nous dominons la nature, que nous sommes au-dessus des autres espèces ; pourtant les cafards et les fourmis nous survivront.
Nous sommes juste une espèce un peu spéciale, un prédateur malin, illusionniste.

La magie et la science sont intimement liées l'une à l'autre, ce que l'on ne comprend pas nous apparaît comme magique.
Les érudits, ceux qui se disputent pour savoir qui est le plus proche de la vérité, ceux-là savent que l'on a fait qu'effleurer la surface de la science, et c'est toute la beauté de la chose.
De nombreux mystères restent encore à élucider.
J'espère que notre conquête du superflu nous aura permis de renouer avec l'essentiel, une prise de conscience est en cours.
Notre planète est précieuse, et ses ressources sont limitées.

…

Pourquoi le pigeon ? Pour de multiples raisons.
Pour le messager.
Plein de nuances de gris, ma démarche est incertaine, pleine de doutes…

Nous sommes entourés de colombes, de corbeaux et de pigeons qui parlent d'amour, de magie, de liberté… des messages pleins de sagesse.
Bien entendu, leurs discours sont très équilibrés, ils parlent aussi de complots, de guerres, de domination… ou de futilités.
Nous sommes tous nuancés dans nos comportements, avec plus ou moins de contrastes.
Nous fonctionnons globalement tous de la même façon, nous les humains, pourtant chacun d'entre nous reste une énigme.

Je ne prétends pas avoir fini mes recherches, ni avoir trouvé la clef du bonheur. Je suis juste arrivé à un moment de ma vie où j'ai très envie de partager ce que j'ai compris.
J'ai mis du temps à devenir prof, il semblerait que j'ai trouvé ma vocation. Cela dit, uniquement prof, ce n'est pas suffisant.
Je suis aussi timide, grincheux, dormeur, simplet, atchoum… et celui qu'on oublie toujours bien sûr.
Depuis que j'ai compris que les gens aimaient mettre les autres dans des cases, je m'efforce de rentrer dans le plus de cases possibles par esprit de contradiction.

…

J'espère de tout cœur que mes recherches et mes expériences pourront aider ceux qui veulent évoluer.
Je me suis permis d'écrire tout ce que j'avais à dire d'intéressant, de résumer toutes les solutions que j'ai trouvées au cours de mes années de recherches.
Ce livre est un guide, « L'écologie pour les nuls », mon mode d'emploi pour changer les choses, il est incomplet, et à chacun a sa méthode.
J'ai énormément de respect pour tous ceux qui essaient de nous guider vers le meilleur monde possible.

Vous trouverez dans ce guide en deux parties, en premier lieu un recueil de petits et grands gestes pour « Sauver le monde » (c'est très présomptueux de croire que je vais sauver qui que ce soit, mais j'ai le droit d'essayer !)

Puis vous découvrirez en seconde partie mon programme d'intervention en classe :
« L'écologie par le biais artistique » :
Des ateliers artistiques, ludiques, qui accompagnent des sujets écologiques.

Ce sont des ateliers accessibles à tous, avec peu de matériel, le guide d'utilisation est à la suite.
Le tout saupoudré de belles paroles et d'idées farfelues que j'ai glanées et notées au fil des années.

Grâce à ce livre, j'espère pouvoir atteindre le cœur de chacun d'entre vous, vous donner des outils, des arguments, des astuces, des « punchlines », ou vous rappeler qu'ils existent, si vous les connaissiez déjà.

L'écologie est une science, une science dont on n'entend pas parler à l'école avant la sixième ou la cinquième selon les programmes actuels !
Pourquoi si tardivement ?
Enfin, on voit apparaître des éco-délégués, des animations nature plus modernes, plus adaptées à l'urgence écologique, mais ce n'est pas encore à la hauteur de nos attentes, enfin pour la plupart des parents.
Pourtant ; il n'y a pas forcément besoin d'agrément pour aller dans une classe et en parler aux enfants, il suffit d'avoir une passion pour la nature, un peu d'espoir et d'aimer les enfants (cela dit, une petite formation peut être utile).

Les ateliers que je propose sont tous abordables, plus ou moins faciles à mettre en application en fonction de vos compétences artistiques.

N'hésitez pas à partager cet ouvrage aux personnes auxquelles cela pourrait être utile. Professeurs, animateurs, artistes et passionnés de nature peuvent le prendre en main rapidement.
On peut réaliser ces ateliers avec n'importe quel public.
Il n'y a pas d'âge pour devenir un artiste ou pour se rapprocher de la nature.

Animer un atelier demande de rentrer dans la peau d'un animateur, je vous invite donc à entrer dans ma tête pendant ces quelques lignes.

« Ne faîtes pas attention au désordre ».

…

Notre cerveau nous joue des tours, il n'est pas toujours notre allié.

Nous sommes faciles à duper, naïfs, en quelque sorte des pigeons ou des moutons.

Certains sortent du troupeau. Beaucoup se sentent en dehors du troupeau, mais nous sommes tous humains, et donc sensibles aux suggestions, sensibles aux émotions qui troublent notre raison.

On s'est tous fait pigeonner, manipuler, au moins une fois dans notre vie, ne serait-ce que par la publicité.

On s'est tous fait avoir un jour ou l'autre, et c'est une émotion désagréable.

Mais il y a un certain soulagement après la frustration, lorsqu'on a compris qu'on s'est fait avoir, et que l'on décide que l'on ne nous y reprendra plus.

On nous a vendu comme progrès l'automatisation de tous les rouages de la société, des machines partout, la mondialisation commerciale…

Un système basé sur une dépendance à des ressources épuisables.

On s'est fait avoir.

La production des énergies fossiles est en baisse, et nous ne sommes pas bien préparés au sevrage.

Officiellement tout va bien. La transition a un peu de retard, mais « ça va ». Nos dirigeants sont optimistes, ils ont la situation bien en main.

Par contre, dans les coulisses, c'est la panique.

Ils se contredisent, déclarent des mensonges pour faire bonne figure, nous embobinent...
En bref, ils font ce qu'ils peuvent pour nous encourager à consommer, pour augmenter le PIB et leurs profits personnels, en dépit des conséquences.

Malheureusement, la transition énergétique n'est pas propre, bien au contraire.
Les énergies renouvelables polluent tout autant, d'une manière ou d'une autre, elles ne sont pas durables, du moins pour le moment.
L'extraction des ressources nécessaires à la transition est une catastrophe écologique.

Le vrai progrès n'est pas dans la dernière voiture électrique, il n'est pas dans la dernière plateforme de téléchargement...
Aujourd'hui, le progrès, c'est de développer notre société de manière harmonieuse, de vivre en paix, de trouver des solutions pour allier la sobriété et le confort.

Je ne suis qu'un citoyen qui cherche sa place dans la société.
J'étais perdu dans toutes ces infos, je me demandais ce que c'était de devenir vraiment responsable.
Définition : Etre capable de répondre de ses actes et de prendre soin d'autrui.

Je nageais dans le doute.
Je voyais toutes sortes de bulletins d'informations contradictoires qui ne menaient à rien, et j'ai eu une épiphanie, une révélation, une illumination, bref... j'ai pensé à un truc.
Pour devenir adulte, il fallait que je comprenne ce qu'il se passe derrière la scène médiatique. Il fallait entrer dans la danse pour voir comment on danse, creuser un peu plus pour ne plus être le pigeon qui n'est pas au courant.

Longue histoire raccourcie : j'ai cherché les réponses sur Google.

J'étais un pigeon, et je suis devenu un mouton.

Ensuite j'ai gagné en compétences. Un burn out, une année sabbatique, quelques centaines d'heure de recherches, de développement personnel et je suis devenu… un super mouton !

Et suite à quinze ans de recherches, j'ai l'impression d'être redevenu un pigeon.

Au final, je ne suis qu'un humble citoyen qui peine à se faire entendre.

Ce n'est pas l'unique raison pour laquelle j'ai choisi le nom de cet oiseau comme titre à ce livre.

Un écrivain avec un nom qui ressemble au mien a eu beaucoup de succès au siècle dernier avec un livre qui s'appelle « La mouette », et je rêvais secrètement depuis très longtemps d'écrire un livre que j'appellerai « Le pigeon ».

Personne ne veut être un pigeon !

J'en ai marre d'être un pigeon !

Sommes-nous tous les pigeons d'une volière ?

Il est peu ordinaire de s'imaginer être un pigeon, ce n'est pas le genre d'animal que l'on voudrait incarner. Sa cousine la colombe a beaucoup plus de succès.

Nous avons associé le pigeon à un être naïf et facile à duper. Alors que lui, il vole…

Il ne se fait pas écraser souvent proportionnellement à la distance à laquelle il s'approche des voitures. (Pourtant, j'en ai tapé un une fois en campagne, il devait être perdu, ou suicidaire, du coup il y avait des plumes partout).

Il se nourrit de presque tout ce qui passe, sans faire le difficile.

Il a une relation de couple stable il parait. On dit même qu'il partage équitablement les tâches ménagères, l'éducation des enfants…
Le pigeon est tendance !

Dans le règne animal, comme dans la race humaine plus particulièrement ; on peut voir toutes sortes de comportements, et il est amusant de voir à quel point nous ressemblons parfois à certains animaux.

Maman ours par exemple, a un comportement bien différent.
Elle ne partage rien avec Nounours, Papa ours n'est pas sollicité pour s'occuper des petits, c'est à Maman ours de partir loin du mâle avant qu'il ne mange son fils.
Mère Nature est surprenante, elle a créé une diversité d'animaux de toutes sortes. Et puis elle a créé une espèce capable d'imiter tous les autres !!
De la fourmi au pachyderme, nous les humains, sommes capables du pire et du meilleur que la nature peut nous inspirer.
Les fourmis construisent des cités qui font plus de cent fois leur taille, les castors des barrages, les araignées des toiles, les chameaux traversent les déserts, les guépards battent des records de vitesse…
Il semblerait que nous soyons inspirés par tous les animaux, sans faire exception aux troupeaux de moutons influençables que nous sommes aussi parfois.

Avez-vous déjà fait partie de ce troupeau ?

Que pensez-vous de la transition énergétique, du climat ?

Quelles sont les causes, les conséquences, les solutions ?

Qu'allez-vous faire du temps qui vous est impartit ?

Notre vie entière, notre monde, notre système se transforme

Selon la plupart des scientifiques, notre avenir à plus de chance de finir en scénario post-apocalyptique qu'en harmonie durable, vu l'inaction générale.

Notre monde est en péril.

Il est en péril depuis le début de l'ère industrielle, « l'arrivée des machines ».
Nous savions depuis 1970 environ que nous étions en train de modifier le climat, et pourtant nous l'avons fait !

Plusieurs pays dépensent des milliards à la recherche d'une autre planète habitable, alors qu'on n'a pas encore compris correctement comment fonctionne la nôtre.

J'ai récemment vu un journaliste écrire que la conquête spatiale avait un intérêt écologique, on ose le dire…

Ce qu'ils ont vraiment appris dans l'espace, c'est à quel point la Terre est précieuse, qu'il faut la préserver. Des tests ont été faits pour vivre en autarcie dans l'espace, et officiellement rien de concluant.

Recréer la vie dans une capsule pressurisée au milieu de l'espace c'est possible, mais on est encore très loin de l'autonomie en toute sécurité sur du long terme.

La vie est fragile, éphémère.

L'humain est rêveur, distrait.

Nous avons aussi envoyé des sondes vers des exoplanètes, soi-disant intéressantes, mais le temps qu'elles arrivent et nous transmettent des données… pas sûr que les infos soient pertinentes.

Il va donc falloir s'accrocher à la Terre qu'on a sous les yeux, elle est très bien.

…

Une bougie consomme de l'oxygène, imaginez un moteur… un réacteur…

Savez-vous combien de CO_2 produisent les humains rien qu'en respirant ? En pourcentage par rapport aux émissions globales ?

C'est environ un pour cent de nos émissions globales.

MAIS ! Ce CO_2 que nous expirons provient du carbone que l'on a ingéré à travers notre nourriture, les légumes et céréales ont capté du CO_2 pour pousser, tout comme l'herbe et le grain des animaux que l'on mange. Nous sommes donc plus ou moins neutres en carbone.
C'est une partie du cycle du carbone.
Rien ne se perd, rien ne se crée, tout se transforme.

L'écologie est complexe, mais si vous avez compris ça, vous comprendrez le reste.
Tous les sujets mériteraient d'être développés.
Cela dit, je resterais dans le résumé pour être le plus concis possible.
Mon objectif est de vous permettre grâce à ce livre d'apprécier la complexité de ce sujet qui englobe toutes les activités humaines.
Je souhaite partager avec vous mon optimisme, ma passion pour l'avenir, et vous encourager à aller vers la simplicité.
Les chiffres varient selon les sources, je ferai donc de mon mieux pour être juste.

Je vous invite à m'envoyer vos réclamations après avoir bien lu ce recueil si vous le souhaitez.

C'est plutôt par les mots et non par les chiffres que je vais tenter de vous amadouer, de vous choquer, de vous perturber, et peut-être même de vous empêcher de dormir, si vous n'êtes pas familiers avec le thème de fin du monde.
Et ce n'est pas l'angoisse qui va vous empêcher de dormir, c'est l'excitation !!!
Qu'allez-vous faire de ce temps qu'il vous reste ?
Avec ces quelques lignes, j'ai envie de vous partager mon espoir pour les générations futures, mon envie de « sauver le monde ».

Oui il y a de l'espoir !
Il y a des visions très variées de notre avenir, tout n'est pas noir ou blanc, vous le savez bien… et c'est ainsi que les nuances de gris de notre pigeon reviennent sur la table…
Tout est un dégradé de bien et de mal, tout est complexe.
Et j'irai même jusqu'à dire que tout est parfait, puisque tout est parfaitement imparfait.

On peut voir le monde de façon binaire, le bien opposé au mal.
Personnellement, j'y préfère cette idée du yin et du yang avec du mal dans le bien et du bien dans le mal.

Parfois nos erreurs créent des changements importants, je préfère donc voir la vie en nuances de gris, avec du recul et de l'humour.
Tout est en mouvement, en changement perpétuel.
Dans le monde entier une grande prise de conscience est en cours, en retard malheureusement, mais mieux vaut tard que jamais.

Aussi angoissant que peut être le sujet de la fin du monde, un peu de poésie ne saurait y remédier.

Comme la beauté d'une charogne dans le regard d'une mouche pourrait vous surprendre, on peut trouver une certaine poésie dans l'extermination de l'humanité en cours.
Si notre espèce s'éteint, c'est probablement qu'elle l'avait mérité.

Nous sommes en 2023, et il nous reste deux ans pour amorcer un réel changement (si depuis le moment où j'écris ces lignes, les scientifiques n'ont pas encore raccourci l'échéance).
Cette date n'est pas un ultimatum, c'est juste ce que les membres du GIEC ont considéré comme objectif.
Il ne sera jamais trop tard pour faire mieux quoi qu'il arrive.

…

Notre monde change tous les jours, rassurez-vous tant que l'humain existera, il y aura des changements tous les jours.
Ce qui me sidère, c'est l'inaction générale face aux prévisions scientifiques.
Il y a un holdup up sur l'oxygène, l'eau, la nourriture de qualité… et la grande majorité des gens ne bouge pas.

Notre cerveau est facile à duper.
Sur le climat les avis divergent au sein de la population…, alors que 99% des climatologues sont d'accord.
L'esprit ne supporte pas bien l'incertitude ou l'inquiétude, donc il choisit parfois le déni.
Nous savons depuis cinquante ans que nous sommes en train de détruire notre environnement.
Chaque année nous produisons plus de pollution et pourtant le doute subsiste et l'inaction perdure.

Aujourd'hui, nous sommes dépendants des énergies fossiles.
Cette dépendance nous emmène vers sept degrés de plus en température moyenne, l'enfer sur terre.

Le pétrole va bientôt manquer, mais si on brûle tout, ça va être chaud !
Nous n'avons d'autre choix que de trouver un compromis avec mère nature.

…

Humble tentative de changer le monde, alliée à une furieuse envie de créer, de quelque manière que ce soit, une fenêtre de vous à moi.

Dans cet ouvrage, vous auriez sûrement des choses à ajouter.
Je fais de mon mieux pour retranscrire correctement et partager fidèlement les infos pertinentes que j'ai trouvées.
Les sources sont à la fin. La plupart des personnes qui m'ont inspirées ont dédiées une grande partie de leur vie à la cause environnementale et sociale, ils méritent notre attention.
Ce qui est sûr c'est que d'autres personnes sont en train d'écrire le même genre de livre avec des informations toutes aussi pertinentes.
Des millions de gens travaillent à la transformation de notre société.
Demain attend chacun de nous.
« *La vie est un mystère qu'il faut vivre, pas un problème à résoudre* » Gandhi

Je suis un livre ouvert au quotidien et aujourd'hui entre vos mains, je deviens écrivain.

Recueil de petits et grands gestes pour « sauver le monde »

« Houston, we have a problem. »

Si, comme moi, vous vous sentez responsable d'une micro-partie du problème, voici un résumé de ce que vous pouvez faire à votre échelle pour réduire votre bilan carbone…

Si vous empruntez cette voie avec conviction, vous pourrez peut-être aider vos proches à faire de même.

Et ainsi de suite, nous tendrons vers un monde meilleur.

Comment partager un message de sobriété en gardant le sourire ? Mieux vaut s'armer d'humour et de bonne humeur ! Préparez-vous ! On va bien se marrer !!!
Nous avons le choix entre la sobriété et la pauvreté !

Mieux vaut apprendre à se raisonner plutôt que d'être contraints à le faire.
Les ressources ne sont pas éternelles ; le fer, le cuivre, le phosphore, le lithium et bien d'autres métaux sont limités comme le pétrole, le gaz et le charbon. L'oxygène et l'eau potable sont renouvelables si on leur en laisse le temps. Malheureusement, on en demande trop, on consomme trop d'eau et on transforme trop d'oxygène en CO_2 pour que notre planète puisse les renouveler.

Ce serait bien de laisser un peu d'air et d'eau pour les gosses, n'est-ce pas ?

J'espère que vous avez de l'humour noir parce qu'on va se marrer comme ça jusqu'au bout.

Je ne vous dirais pas d'éteindre la lumière, le robinet ou de mettre un col roulé… Vous savez bien tout ça. Je vais insister sur ce qu'on ne dit pas souvent et qui mérite d'être répété.

On a parfois l'impression de gravir une montagne, donc, à chacun son rythme. Prenez votre temps, on a deux ans pour arriver en haut.

Ça a l'air simple dit comme ça, et ça l'est ; il nous suffit de changer notre rapport au temps et de changer notre vision du confort, régénérer, protéger, transmettre…
Patienter le temps que la science rattrape nos erreurs, prendre le temps de respirer, d'observer et de comprendre notre problème.

Des millions de personnes agissent chaque jour pour transformer ce monde bizarre en quelque chose de plus harmonieux.

Vous êtes important, vous êtes précieux, s'il vous plaît, aidez-nous !
Vous faîtes certainement déjà de votre mieux, un pas après l'autre ;
Mais une fois que vous aurez fini ce recueil, vous pourrez peut-être faire plus, faire mieux, faire encore mieux.
Je vous le souhaite.

…

Nous sommes bien loin d'une vie zéro carbone, bien loin du zéro déchet.

On peut tout de même y penser, y réfléchir, s'imaginer, se préparer psychologiquement.

Se répéter qu'on est capable de bouleverser nos habitudes du jour au lendemain, quand on sera prêt.
Un jour ou l'autre, nous y arriverons par la force des choses.
Le pétrole va manquer, le climat va se détériorer, ce sont des faits, nous ne pouvons que nous y préparer, apprendre à apprécier la simplicité avant qu'elle ne devienne obligatoire.
Nous avons besoin de nous organiser pour anticiper tous ensemble les différents problèmes qui arrivent dans le calme et la tolérance.

Voici les grands thèmes abordés comme ce qu'il faut savoir pour répondre aux éventuelles questions des curieux, suivis d'une liste de gestes que nous pouvons faire à notre échelle de citoyen, consommateur acteur.

« Il n'y a pas de petits gestes quand on est des millions à les faire. »

Dans la simplicité et la cohérence, nous pourrions, à tout hasard, trouver du bonheur.

Les thèmes principaux

Le constat

Avant de parler des solutions, un constat s'impose.

Si vous n'êtes pas d'humeur, je vous invite à passer directement aux solutions page 92.

On est en train de transformer notre planète en poubelle.

Et cette génération se retrouve avec un défi de taille, d'après l'ONU, « une situation de menace existentielle directe ».

Deux tiers des arbres ont été rasés de la surface de la Terre en cent ans, deux tiers des insectes ont disparu en cinquante ans, sept cent mille personnes meurent à cause de la pollution chaque année en Europe…

La liste des chiffres est longue et facile à oublier, c'est pourquoi je préfère vous donner des mots, je vous laisse rechercher les chiffres « exacts » grâce aux sources que je donne en fin d'ouvrage.
La production de pétrole ralentit doucement depuis plus d'une décennie, le moment est plus que venu d'inverser la vapeur, de rétropédaler…
« Une croissance infinie n'est pas possible dans un monde aux ressources finies ».
Le doute ne tient plus la route, le constat est dramatique.

Nous avons dépassé six des neuf limites planétaires énoncées par le GIEC :

- Le changement climatique
- L'érosion de la biodiversité
- Le changement d'utilisation des sols (en majorité la déforestation),
- L'introduction d'entités nouvelles (pollution chimique),
- La perturbation du cycle du phosphore et de l'azote
- Le cycle de l'eau bleue et de l'eau verte

Les trois dernières étant celles que l'on n'a pas encore dépassées.

- L'acidification des océans
- L'augmentation des aérosols dans l'atmosphère
- L'appauvrissement de l'ozone stratosphérique

Heureusement, ce ne sont pas des points de non-retour, ce sont des zones d'incertitudes ; chiffres à partir desquels l'avenir devient instable dans chacun de ces sujets.

Malheureusement, on peut ajouter la démographie et la raréfaction des ressources, deux autres limites planétaires qui ont leur importance.
On peut affirmer que c'est très mal parti pour la transition en douceur tant attendue, on n'est pas dans les temps, les mauvaises habitudes ne changent pas assez vite.
Notre président se félicite d'avoir respecté ses ambitions de réductions d'émissions alors qu'il a abaissé ses objectifs…
De plus la baisse des émissions de son premier quinquennat est due aux confinements.
Plus récemment, il a osé déclarer : " Qui aurait pu prédire la crise climatique ? »

Les spécialistes du climat sont quasiment unanimes et formels, il ne reste plus que deux possibilités :

Soit on ralentit fortement la croissance économique mondiale avant 2025 et on a une chance d'atteindre la neutralité carbone entre 2040 et 2050, soit le réchauffement dépasse la limite et le climat s'emballe de manière imprévisible et chaotique.

Notre climat a déjà changé d'un degré de plus, chaque dixième de degré est important, chaque tonne, chaque kilo de CO2 compte.

Que font les dirigeants ? Sont-ils vraiment en train de nous laisser détruire notre environnement ?

Nous, les « civilisés », demandons toujours plus de confort tandis que les pays pauvres auraient bien besoin d'aide pour sortir de la misère. Nous sommes pour la plupart partagés entre le souhait d'égalité et celui de vouloir garder notre confort.

Nos dirigeants ne laisseront probablement pas l'humanité s'autodétruire sans rien faire, ils pourraient nous exterminer en un clin d'œil, ils pourraient garder chacun une armée d'esclaves, mais c'est risqué.

Nous ne nous laisserons pas faire et ça risquerait de dégrader l'ambiance.

Il est plus simple pour eux de nous manipuler quitte à provoquer une guerre civile ou bien détruire l'environnement.
Les dirigeants les plus sages veulent voir l'humanité prospérer ensemble, les autres veulent juste réussir leur carrière sans être trop inquiétés.

Beaucoup de citoyens pensent qu'une guerre civile est inévitable, que le système mondialisé est une machine sur le point d'imploser.

Pourtant, il nous reste une porte de sortie, nous avons encore le choix entre la sobriété et la pauvreté.

Pour anticiper, il est bon de se préparer au pire, en espérant le meilleur.

Le temps n'est plus à la prière, il est temps de se remonter les manches. Nous avons un monde nouveau à créer.
Beaucoup pensent qu'il est trop tard, mais scientifiquement c'est inexact, c'est trop vague.
Trop tard comment ? Trop tard pour quoi ?

Le pire scénario : une guerre mondiale ou civile.

Le plus plausible : une récession, longue et injuste.

Le rêve : Trouver un moyen de prospérer, ensemble.

En cas de guerre civile, ou de récession grave, que se passerait-il ?
Ce n'est pas la première inflation, ce ne serait pas la première guerre civile de l'histoire, nous savons ce qu'il peut se passer.
Et nous savons comment nous y préparer.

Dans le pire scénario, il n'y aurait plus d'accès au pétrole donc aux produits de première nécessité.

Nous n'aurons plus qu'à faire pousser des légumes partout, des haricots, des pois chiches, élever des poules et des lapins, pour éviter les émeutes de la faim comme ils ont fait à Cuba en 1978.

Donc relocaliser, développer l'autonomie, la résilience…

Si nous n'avions plus de chauffage, il nous faudrait nous équiper en isolation, comme l'on fait les pays nordiques.

Autant commencer maintenant, la production locale et l'isolation sont dans les priorités.

Anticiper le pire, c'est plus prudent.

Le système de santé va se détériorer, il va donc falloir prévenir plutôt que de guérir, prendre soin de soi puisque les médecins sont débordés.

L'augmentation du prix de l'électricité va réduire l'utilisation des technologies. Les divertissements devraient redevenir manuels, la récup', la réparation et la réutilisation seront mis à l'honneur.

Il restera forcément du pétrole pour certains ; seuls les plus riches et les emplois importants pour la survie du service public seront ravitaillés.

Un jour ou l'autre, les plus pauvres devront trouver un emploi à une distance faisable à pied, à vélo, en bus où dormir sur place.

L'ONU a récemment déclaré qu'il nous restait environ deux ans pour sauver l'humanité de l'extinction, une extinction plus ou moins lente et douloureuse.

On en est là, il est trop tard pour éviter le réchauffement mais on peut s'adapter si on s'entraide.

Malheureusement, l'alarme sonne depuis si longtemps que beaucoup refusent d'y croire, on ne l'entend plus.

Il n'y a pas si longtemps encore, un rapport du GIEC qui sonne l'alerte rouge… Puisque l'alerte tout court n'a pas été prise au sérieux…

Il y a une dissonance cognitive dans le cerveau de la plupart d'entre nous... L'envergure du problème est tellement grande qu'on a du mal à prendre conscience que l'on est important à notre petite échelle.

Nous savons que ça va chauffer, nous savons qu'il est nécessaire de ramasser le plastique des océans, qu'il faut produire de la nourriture de qualité, des transports « propres » …

Mais par où commencer ?

Par informer peut-être… pour mettre tout le monde dans la même direction.

Je commence souvent mes ateliers écolos avec cette petite question :

Savez-vous quelle température il faisait il durant la dernière ère glaciaire en moyenne sur Terre ?

C'est un argument parlant ; il y a dix mille ans, on avait dix degrés en moyenne sur terre à l'année, dix degrés ça ne donne pas du tout le même paysage. C'est l'âge de glace !

Aujourd'hui, il fait quinze degrés, les trois kilomètres d'épaisseur de glace qui recouvraient Paris ont fondus, les océans sont cent vingt mètres plus haut qu'à l'ère glaciaire.

Le climat est tempéré en Europe... On est bien !

Et bien… dans les prévisions, on parle d'une augmentation de deux à sept degrés de plus en fonction du scénario.

Nous sommes passés de dix à quinze degrés en mille ans, nous passerions de quinze à vingt-deux en cent ans !

L'homme existe depuis deux millions d'années et la sélection naturelle nous a rendu où nous en sommes aujourd'hui...

Après avoir traversé la révolution industrielle et technologique, voici l'ère du plastique. Homo-détritus !

En cinquante ans, nous avons tout détruit !

Nous savions, pourtant nous l'avons fait. Nous avions le droit de le faire, et nous l'avons fait.

Nous avons violé la Terre, avec nos tracteurs, nos explosifs et nos tractopelles. Pour l'argent, pour le confort, pour voir ce qui allait se passer.

Nous y voilà, au pied du mur, nous sommes capables de détruire notre environnement et nous ne savons pas combien de personnes survivront au dérèglement climatique.

Je vous avais prévenu, on va se marrer !

On peut ignorer les faits, le déni simplifie la vie.

Ou alors on peut changer et « sauver l'humanité », tenter de ralentir notre extinction.

L'humain ne disparaîtra pas totalement à priori, mais que restera-t-il de notre civilisation ? Des survivants traumatisés ?

Passé la limite de 2,5 degrés de plus… on ira très probablement jusqu'à sept… à cause du pergélisol (sol gelé) qui renferme plus de CO_2 que tout ce qu'on a déjà produit. Si l'on restait en dessous des deux degrés, il serait possible de redescendre à 1,5 avant la fin du siècle ou du millénaire…

Quoi qu'il arrive, ça va chauffer doucement, ça va piquer quoi que l'on fasse mais on peut encore éviter le pire.

Dans notre environnement, tout est connecté, un battement d'aile de papillon peut changer le cours de l'histoire.

C'est une image pour dire qu'on est tous importants.

Certaines personnes ont plus d'influence que d'autres c'est sûr, mais l'on ne sait jamais, il se pourrait que vous ayez de

l'influence sur une personne qui va devenir quelqu'un d'important.
Nous vivons une période historique, les décennies qui arrivent annoncent un gros changement économique et social.
Une nouvelle ère commence, une nouvelle renaissance.
C'est palpitant !

On pourrait croire que c'est la démographie le problème... mais beaucoup d'études prouvent que nous pourrions accueillir au moins trois milliards d'humains en plus si nous changions tous notre façon de vivre.

La démographie se régulera d'elle-même par manque de nourriture et de libido.
Interdire de faire des enfants ce n'est pas souhaitable…
Mais proliférer comme des parasites, ce n'est plus possible !
Nous devons trouver un équilibre.
La porte d'un avenir paisible est en train de se refermer, il y aura quoi qu'il arrive un avenir pour la génération suivante mais lequel ????
La simplicité, ou la guerre ?

Nous sommes à un point de bascule. Les accords de Paris, le dernier rapport du GIEC et le Plan de Transformation de l'Économie Française sont des données à prendre en compte.
Les décisions politiques doivent être à la hauteur des enjeux, le temps n'est plus au compromis ou aux promesses, c'est le temps des actes.

Alors oui les dirigeants ont un pouvoir supérieur au nôtre c'est un fait, mais nous avons tous beaucoup plus d'impact sur l'avenir que ce que l'on peut croire. Quand on habite dans un pays développé, on a chacun d'entre nous, indivi-

duellement, un bilan carbone supérieur à celui de beaucoup de villages chinois, indiens ou africains.
La France a de l'influence dans le monde ; changer sa ville, c'est changer un petit bout de la France.

Prendre son vélo plutôt que sa voiture peut indirectement sauver des vies, et dans tous les cas cela montre le bon exemple.

On n'est pas tous capables de le faire, on ne demande pas à un handicapé de faire du vélo... mais ceux qui peuvent ont le devoir moral de le faire... d'essayer de le faire.
Tout du moins il faudrait y penser, se préparer psychologiquement et physiquement au changement qui arrive.
On ne va pas avoir le choix…
On peut mélanger la technologie et la sobriété.

On doit le faire, et on va le faire parce qu'on n'a pas le choix.
C'est à nous tous de faire un pas après l'autre dans la bonne direction.
Certains auront l'impression de mériter plus de confort que d'autres et forcément, il y a débat... il y a de quoi discuter.

Nous n'avons pas d'autre choix, « nous devons apprendre à vivre ensemble comme des frères (et sœurs) sinon nous allons mourrir tous ensemble comme des idiots. » Martin Luther King.

L'eau

Un sujet délicat et primordial, la qualité de l'eau et de la nourriture ont fortement baissées depuis un siècle.

Le corps s'adapte mais jusqu'à quand ?

Comment on a pu se faire avoir comme ça, comme on a pu en arriver là, l'eau est précieuse et on pisse dedans, on arrose les routes, on met des piscines dans les déserts, des fontaines à Las Vegas… Pourquoi fait-on ça ?

Et pourquoi est-ce qu'on empoisonne notre eau ? Sans eau potable, il n'y a plus de vie, c'est la première ressource utilisée dans le monde, on en met partout.

Nous allons devoir réduire notre consommation en commençant par arrêter de gaspiller, sachant que l'eau que l'on consomme à la maison ne représente que dix pour cent de notre empreinte eau.

L'eau est le problème le plus urgent. Elle est encore potable au robinet, un petit cocktail de chlore et de médicaments… On la déconseille aux femmes enceintes et aux bébés… Mais pour les autres, ça va.

Le lobby du plastique veut vendre ses bouteilles, alors qu'il y a des particules de plastique cancérigènes dans toutes les bouteilles… Les stations d'épuration sont débordées, souvent obsolètes.

Certaines nappes phréatiques se remplissent des déjections animales et humaines, pleines de molécules chimiques, des œstrogènes à cause de la pilule, des antibiotiques, des produits phytosanitaires, les eaux usées de l'industrie…, c'est le chantier.

L'eau du robinet reste meilleure pour l'environnement sans équivoque, les contrôles et la filtration évoluent, les contenants durables ou bio dégradables arrivent doucement, on peut espérer que les milliards de bouteilles qu'on accumule chaque jour perdent leur raison d'être.

…

L'eau n'est qu'une fine couche qui recouvre soixante-douze pour cent de notre planète.

MAIS, par rapport au volume total de notre Terre, l'eau représente environ un pour mille.

Nous vivons sur un gros caillou mouillé. L'eau potable est précieuse, nous avons tendance à l'oublier, c'est environ un pour cent de toute l'eau sur terre, et un humain sur sept n'y a pas accès.

Les sécheresses s'annoncent plus régulières, plus intenses, la plus grosse partie de l'eau potable provient des nappes phréatiques qui n'ont pas souvent le temps de se recharger complètement d'une année sur l'autre.

Nous assistons aussi à des inondations dues au manque d'absorption des sols, un sérieux problème qui approche et qui est déjà là dans certaines zones du globe, donc des rendements qui baissent.

Aux endroits où l'on laisse la nature prospérer, l'équilibre revient, c'est bon signe, nous savons ce qu'il reste à faire.

Heureusement l'agro écologie peut régénérer les sols, pour s'adapter à la sécheresse, c'est tout un programme de transformation de la production vers un retour des petites exploitations.

Nous allons organiser un recrutement massif dans l'agro-écologie, le maraîchage, l'agro-foresterie, la micro-agriculture bio-intensive… avec des subventions…

Nous allons planter des milliards d'arbres pour drainer les sols, nous allons baisser notre consommation d'eau, de viande et de poisson, de plastique… Enfin je l'espère.

…

L'eau que nous consommons à la maison n'est qu'une minuscule partie de ce que l'on consomme en réalité.

L'eau est partout dans l'industrie, dans la fabrication de la viande, l'arrosage des champs en passant par le refroidissement des centrales nucléaires…
Si on fait le total de toute cette eau, on arrive à environ huit mille litres par français en moyenne par jour. Une partie de cette eau est consommée, une autre partie évaporée et une troisième est rejetée.

On différencie trois types d'eaux :
L'eau « bleue », c'est la consommation directe des eaux de surface et souterraines, donc l'eau de la maison et l'eau agricole,
L'eau « verte », c'est l'eau de pluie, la rosée et l'humidité,
Et l'eau « grise », c'est grossièrement l'eau polluée par l'homme.

Avec les sécheresse qui se succèdent, les nappes phréatiques n'ont pas le temps de se recharger.
Le cycle de l'eau tel qu'on l'apprend à l'école est incomplet.
Il ne comprend pas la pollution des eaux, ni les nappes…

Il y a une différence entre l'eau de surface et celle des nappes phréatiques, l'eau de surface qui fait parfois déborder les rivières n'est pas potable, l'eau des nappes a été filtrée par la terre, elle est bien plus précieuse.
Des recherches sont en cours pour pouvoir récupérer les eaux usées pour l'agriculture.
Plusieurs pays n'ont pas l'eau potable au robinet, et nous occidentaux faisons nos besoins dedans, nous lavons les voitures avec…
Pour le moment, nous faisons n'importe quoi avec l'eau, on cultive de la neige pour les stations de ski depuis vingt ans, il faut 15 000 litres d'eau pour produire un kilo de viande de bœuf et désaliniser l'eau de mer demande beaucoup d'énergie.
Pour réduire la consommation d'eau dans l'agriculture, la solution est de remettre de la vie dans les sols, les champignons qui vivent dans la terre jouent un rôle d'éponge et permettent de garder une terre humide sans arrosage. Les pesticides sont encore une fois responsables de nos problèmes.

Une solution efficace serait de créer une convention citoyenne de l'eau, comme on l'a fait pour le climat. L'idée étant de donner à des citoyens tirés au sort, une formation leur permettant de prendre part aux débats sur l'eau face aux agriculteurs, aux propriétaires de golf, aux communes

…

Eau voleur !!!

Des petits malins ont trouvé un moyen de nous vendre de l'eau en plastique plus chère que l'essence dans une station-service et, pauvres de nous, on fonce dans l'arnaque.

Des pigeons !

Eau voleur !!!

Des salopards sont en train de faire des méga-bassines en plastique, ils prennent l'eau de la nappe phréatique, un bien commun, et ils la vendent pour arroser des champs de maïs pour le bétail, au profit du CAC 40.

Certaines bassines ont peut-être des raisons écologiques en fonction du terrain mais voler l'eau qui appartient à tout le monde, ça constitue un crime il me semble.
L'eau est devenue un placement financier qui encourage les monocultures. Les traders vendent des mégalitres tous les jours et le prix augmente ces dernières années.

L'exploitation de l'eau des nappes phréatiques engendre une infiltration d'eau salée, ce qui rend l'eau impropre à l'utilisation agricole. De plus, il y a des fuites partout dans le réseau de distribution, près d'un tiers de l'eau exploitée est perdue, et souvent à des endroits inadaptés.
Le pompage de l'eau souterraine crée des affaissements de terrains…
C'est tout un système à repenser pour arrêter de polluer et de gaspiller la source de la vie, entre autres avec la récupération de l'eau de pluie.

Pour ceux qui n'ont pas eu la chance de boire une eau de source directement sortie de la terre, je peux vous assurer que c'est une expérience qui vaut son pesant de cacahuètes.

Il existe des endroits où l'eau est bonne, des sources dans des endroits reculés, protégés.
Pourvu qu'on arrive à les préserver.

Les savoirs ancestraux et les savoirs scientifiques récents se croisent, l'hydrologie régénératrice amène de l'espoir.

L'alimentation

Le métier d'agriculteur va retrouver sa place essentielle.

Une centaine d'années auparavant les deux tiers de la population étaient agriculteurs. Avec les nouvelles techniques on doit pouvoir faire mieux et revenir à un cinquième.

Aujourd'hui, nous sommes moins de deux pour cent d'exploitants agricoles, c'est ridicule. Le prix de la nourriture a beaucoup baissé grâce à la mondialisation, le défi de notre génération est de retrouver des méthodes respectueuses des cultures et des élevages, d'alimenter toute la population avec des produits plus sains.

La question d'une sécurité sociale de l'alimentation se pose, une alimentation locale et équilibrée.

Tout le monde sait ce que c'est de manger équilibré.

Mais nous n'avons pas tous le même métabolisme, il y a beaucoup de consommateurs qui n'achètent pas de fruits ni de légumes frais, tout ce qu'ils achètent est emballé sous plastique, a parcouru parfois des millions de kilomètres et est souvent accompagné de conservateurs cancérigènes.
Beaucoup de familles mangent très mal, MAIS si on dit à un enfant qu'il est en train de s'empoisonner, ce n'est pas bienveillant.
La science a prouvé l'efficacité de « l'effet nocebo », tout comme l'effet inverse « le placebo ».
Il faut en parler, mais si on insiste sur la nocivité d'un aliment, on alimente la peur de la maladie, on favorise la maladie.

Donc la manière bienveillante d'en parler est de vanter les mérites et les vertus des légumes et d'une alimentation équilibrée. Le verre à moitié plein…
Malheureusement cela ne suffit pas, les mangeurs de viandes et de sucres sont très difficiles à convaincre.

…

Personnellement c'est mon estomac qui m'a demandé d'arrêter les excès, je n'ai pas de mérite à manger équilibré vu que je n'ai pas eu le choix. Des années de malbouffe m'ont rendu sensible, dès que j'abuse de sucre, d'alcool ou de gluten, je le sens vite, je me suis très bien habitué.

Aussi, j'ai travaillé dans une usine qui fabrique des alvéoles en plastique, j'y ai découvert que l'emballage que l'on voit ne représente qu'un tiers du plastique nécessaire à sa fabrication. Les déchets de coupes, les séries imparfaites, les emballages de l'emballage… l'énergie nécessaire pour le transport… j'en suis dégoûté pour de bon.
J'ai pu constater le recyclage impossible des chutes de production, le fait que les « bioplastiques » sont moins performants et tout aussi polluants…
Autant de pétrole, pour des aliments ultra-transformés qui n'ont d'intérêt que pour les papilles et notre addiction au sucre. C'est triste.

…

La bonne cuisine, ça s'apprend, et surtout, ça se transmet de génération en génération.

On n'a pas tous la chance d'avoir une super mamie qui cuisine des bons petits cookies, ni une passion pour la cuisine bas carbone.

Cuisiner n'est pas facile pour tout le monde... les habitudes alimentaires sont tenaces, puis il y a tous les désordres alimentaires, les problèmes psychologiques.
Certains font un blocage sur les légumes, les aliments verts. Pourquoi ??? Ah ! Ahhh !!!

Le lait maternel est blanc et sucré donc les diététiciens en ont conclu que nous sommes attirés par tout ce qui est blanc et sucré, le palais met du temps à s'adapter à l'amertume ou l'acidité pour certains.
Autrefois on n'avait pas le choix, on vivait au rythme des saisons.
Manger était une question de survie.
Aujourd'hui, c'est aux parents de forcer leurs enfants à goûter des saveurs nouvelles, de proposer de regoûter des choses qu'ils n'aiment pas pour voir si ses goûts ont changé, avec patience et bienveillance évidemment.
Le goût évolue.

De nos jours, il se vend tellement de cochonneries de toutes sortes qu'il devient difficile de résister à la tentation. Les enfants sont doués d'un talent de comédien dès le plus jeune âge, ils savent qu'on n'aime pas les voir pleurer, donc certains usent de leur talent pour avoir ce qu'ils préfèrent.

Plusieurs livres sont sortis parlant de la qualité nutritionnelle des aliments, du lien entre alimentation et santé... notamment « Vous êtes fous d'avaler ça ! », écrit par un ancien industriel de l'agro-alimentaire (Christophe Brusset).

Il y dévoile la négligence des contrôles sanitaires, la malveillance de certains industriels... Il dénonce les gros producteurs qui nous vendent de la crotte de souris et la souffrance animale abominable presque généralisée.

Quasiment tout ce qui est transformé perd une grosse partie de ses qualités nutritives.

Hippocrate, père de la médecine moderne le disait :

« L'alimentation est la première médecine. »

S'il voyait ce qu'on s'enfile !

Après, il ne faut pas oublier qu'une personne sur deux dans le monde n'a pas accès à l'eau potable... alors que les gens civilisés, eux, boivent et mangent consciemment des choses mauvaises pour leur santé...L'humain n'est pas toujours logique.

Ce qui est important dans tout ça… c'est de faire très attention aux mots que l'on emploie, avec les enfants en particulier. Manger beaucoup de pâtes et de sucres n'est pas forcément mauvais pour la santé, certains organismes le supportent bien un certain temps. Tout dépend si vous êtes actif, ou sportif…

Par contre, il est évident que beaucoup de sucres sans activité physique est fortement déconseillé.

D'autre part, des études prouvent que l'alimentation exerce une influence sur le cerveau autant que sur le foie ou l'estomac.

Les performances intellectuelles seraient réduites par le déséquilibre alimentaire.

Doit-on dire cela à un enfant ? Plus ils sont petits, plus ils sont influençables. Si l'on explique à des enfants que le sucre et le blé sont mauvais pour leur cerveau, ceux qui ne mangent pas de légumes risquent de croire qu'ils vont devenir bêtes… et les croyances forgent la personnalité.

Donc ! Délicat sujet que celui de la bouffe !!!
Si comme moi, vous avez encore des gourmandises qui ont un mauvais bilan carbone… il vaut mieux ne pas s'en vanter. Surtout dans le cadre éducatif.
Et si l'envie vous venait de mentir sur votre alimentation en pensant que c'est pour leur bien, abstenez-vous, quel que soit le sujet d'ailleurs.
Certains enfants sentent le mensonge, et inconsciemment nous sommes moins convaincants quand nous mentons.

Pour encourager la bienveillance, il est plus pertinent de favoriser un discours positif, avec de l'enthousiasme envers tous les légumes, de montrer l'exemple, et si vous n'aimez pas les légumes, parlez des fruits…

Il est préférable d'être convaincu pour être convaincant…

Pour ma part, mes plats préférés sont le couscous, le taboulé et les lasagnes de légumes, donc je n'ai pas de mal à influencer de ce côté là…

On peut en rajouter en disant que les brocolis rendent fort comme un arbre, que les patates vapeur donnent la patate comme un train à vapeur !!! La confiture, c'est le futur…

On peut exagérer notre appétence pour les vraies bonnes choses dans le but d'encourager… sans insister, sans être désagréable, ni condescendant, autant que faire se peut, avec humour.
Ne l'oublions pas, si on enlève tout ce qui est transformé des rayons des supermarchés… il ne reste plus grand chose.

On ne sait pas ce que l'avenir nous réserve au niveau des gourmandises du futur… vu les sécheresses annoncées, la baisse des rendements agricoles, il serait judicieux de s'habituer à des choses différentes.

Nos supermarchés ne sont pas éternels…

Quand on dit à un enfant que le supermarché pourrait fermer, que le chocolat ou le Coca-Cola pourraient disparaître, on lui ouvre une porte vers la résilience.

On sème une graine au cas où.

Pour ce qui est de la viande, il y a un gros débat !

Ceux qui en mangent à chaque repas ne sont pas faciles à convaincre.

Pourtant, soixante-dix pour cent de ce qu'on cultive comme nourriture sert à nourrir les animaux d'élevage.

Pour les végétariens, végans, on ne peut pas nier l'avantage écologique d'une alimentation non carnée. Les bienfaits pour la santé sont également avérés.

Mis à part les carences en protéines et vitamine B 12 qui sont à surveiller, les mangeurs de légumes et de graines ont souvent une alimentation plus équilibrée. Les protéines végétales sont tout aussi efficaces que les protéines animales.

Pour ceux qui veulent de la viande ou qui ont « besoin » de viande, je rappelle que le régime utilisé par la plupart des acteurs ultra musclés est : poulet - brocoli.

Voici la liste des produits d'élevage qui polluent le plus du pire au moins : agneau de lait, veau, bœuf, produits laitiers, cochon, poulet, œufs, canard, lapin et insectes.

Si l'on retourne cette liste, on a les viandes les plus « propres ». Les insectes donnent moins envie que le poulet !

C'est une moyenne qui a été calculée par espèce, mais il est important de noter qu'un kilo de bœuf issu d'une agriculture responsable pollue presque autant qu'un kilo de poulet du KFC.

Une vache qui mange de l'herbe ne rote ni ne pète presque pas par rapport à une vache industrielle, c'est l'élevage intensif qui pollue, ce ne sont pas les prairies.

Donc le problème c'est la quantité. Par exemple, le lait de bonne qualité est bon pour la santé dans une certaine mesure. Mais contrairement à ce que la publicité tente de nous faire croire il n'est pas indispensable et souvent de mauvaise qualité.

Concernant la pêche, les chalutiers de fonds appelés aussi les bulldozers des mers raclent les fonds marins, par leurs pratiques violentes ils relarguent le CO_2 piégé dans les sédiments marins.

Leur impact sur le climat est aussi important que tout le secteur de l'aviation.
Et pour info, un poisson meurt dans d'atroces souffrances, ce n'est pas parce qu'on est moche qu'on souffre moins.

…

Attention aussi au Greenwashing, cette étiquette verte n'est pas toujours un gage de qualité.

Regarder la liste des ingrédients, se renseigner sur leur provenance est de plus en plus facile. C'est une habitude à prendre, une fois que l'on connaît les bons produits, on ne cherche plus.

Les émissions de GES dues à notre alimentation sont énormes, et la viande est en première ligne. Dans les pollutions dues à l'élevage, nous avons principalement :

Les émanations de méthane des animaux, la production de grain pour les nourrir, la déforestation pour planter ce grain, leurs transports, la pollution des nappes phréatiques par les déjections pour les gros cheptels, les eaux usées et la quantité d'eau nécessaire à la production, les antibiotiques, les nitrites, les algues vertes…

Outre la pollution engendrée, il y a aussi la souffrance animale, les conditions de vie de la plupart des animaux sont catastrophiques.

Plus de quatre-vingt-dix pour cent des cochons français vivent leur vie entière sur moins d'un mètre carré, les poulets et canards sur une feuille A4, au milieu de leurs déjections.

Les poussins mâles sont broyés vivants, il y a de la torture de la conception à l'abattage ; on est plus du tout dans l'élevage, on est dans l'industrie.

On fabrique de la viande en usine, le respect de l'animal n'est pas d'actualité. Les images de l'association L214 sont terrifiantes.

Savez-vous comment sont fécondées les vaches ?

Et bien, un vétérinaire spécialisé enfonce son bras dans le sexe de la vache jusqu'à l'épaule pour y placer la semence du taureau, semence qui a été récupérée par un spécialiste, je vous laisse visualiser le viol inter-espèce.

Il n'y a rien de naturel, ni de durable dans l'élevage intensif… c'est une évidence aujourd'hui.

Quelques éleveurs fournissent des efforts, de plus en plus reviennent à une ferme à l'ancienne et je leur tire mon chapeau... enfin... ils font juste comme il faut pour respecter l'animal avant de le tuer dans la fleur de l'âge donc… pas de quoi se vanter non plus, c'est un beau métier quand il est bien fait.

En campagne, on peut trouver des animaux bien élevés, qui ont « la belle vie ».
Reste à définir ce qu'est un éleveur « bien élevé » après toutes ces informations.

Le débat végan est intéressant.

Je ne pense pas arrêter la viande malgré mon engagement. Je n'en mange que très peu, j'aimerais bien en manger encore moins et m'assurer à chaque fois qu'elle est top qualité. Le tofu est bien meilleur qu'avant, on s'habitue à tout.

…

Est-ce que vous vous rendez compte que l'agriculture intensive représente plusieurs centaines de millions de tonnes de pesticides, d'engrais chimiques et d'antibiotiques qui sont utilisés chaque année.
Une pratique qui rend les sols inertes et dépendants aux engrais chimiques. Les produits phytosanitaires tuent les abeilles et la vie dans le sol qui est nécessaire aux plantes, c'est une catastrophe.

Cette façon de cultiver n'a plus d'avenir, les ressources en phosphore et cuivre qui composent nos engrais diminuent, même les engrais biologiques vont devenir de plus en plus chers.
Il est urgent d'investir dans ce secteur. Les études de l'INRA sont formelles, il y a beaucoup de choses à changer, notamment remettre de la vie dans nos sols paraît capital.

On est capable de travailler en harmonie avec la biodiversité, la polyculture, l'agro-écologie et les techniques de permaculture (culture de la permanence) sont de toute évidence notre avenir.

Quand on mélange les techniques ancestrales qui ont fait leur preuves avec les nouvelles découvertes en agro-écologie et la technologie, on arrive à une symbiose, c'est-à-dire à l'association réciproquement profitable entre la plantation et le jardinier, pour le bien de tous.

Les tests montrent que l'agriculture « conventionnelle » n'est pas si productive, beaucoup de permaculteurs produisent plus que leur voisin en tracteur... jusqu'à dix fois plus pour les plus efficaces.

Tout ça sans produit chimique, ni obligation d'avoir un tracteur.

Donc une meilleure qualité, plus de rendement, un sol vivant... pourquoi n'y a-t-on pas pensé avant... ?

Et bien, les lobbys encore et toujours, qui font pression pour continuer à vendre leur poisons, et leur graines qui résistent aux poisons. Il faut savoir que les vendeurs de produits chimiques sont les mêmes qui ceux qui vendent les médicaments qui nous soignent des effets de leurs poisons…, pauvres pigeons que nous sommes.

Après, il y a aussi la mondialisation, le marché extérieur qui amène une compétition à prix réduit. Il est souvent moins cher d'acheter un avocat qui a traversé l'Atlantique, qu'un avocat qui pousse chez nos voisins espagnols, il y a comme qui dirait « une cacahuète dans le potage » !

La main d'œuvre, exploitée par les grands industriels étrangers, travaille pour quelques centimes de l'heure... c'est une forme d'esclavage.

On peut essayer de faire culpabiliser le consommateur, mais ça ne marche pas. Le plaisir des papilles semble trop important chez certains.

Un enfant m'a dit en toute simplicité, « S'il n'y a plus que des fruits et des légumes, je me suicide et puis voilà ! ».
A ce genre de phrase, je réponds en général « On mange pour vivre, on ne vit pas pour manger », « On s'habitue très vite à de nouvelles saveurs quand on a vraiment faim. »
Certains cas particuliers sont peut-être irrécupérables au niveau nourriture et il faudra juste leur souhaiter bonne chance.
On ne peut pas facilement changer l'alimentation de quelqu'un, il n'y a que les parents qui peuvent faire ça. De l'extérieur, on ne peut que montrer l'exemple en faisant attention à ce qu'on mange et partager la bonne parole… juste la vérité objective sur le sujet.
Les habitudes alimentaires sont tenaces, il n'y a qu'à voir le Nutella. Tout le monde sait que l'huile de palme est une catastrophe mais pour certains leurs papilles ne sont pas capables de s'en passer (Kinder, Lu etc… même problème). Il suffit pourtant de s'en priver pendant quelques temps pour changer notre perception.
Il existe une dizaine de pâtes à tartiner délicieuses.
L'huile de tournesol utilise aussi beaucoup de ressources donc rien de mieux que le chocolat noir pour avoir les bienfaits de ce délice de la nature.

…

Est-ce le déni, la paresse ou l'égoïsme qui nous empêche de changer ? Je ne sais pas... Je travaille encore moi-même sur ces sujets alors je ne veux pas juger mais c'est sûrement l'un des trois...
L'égoïsme est compliqué à juger.

Les gens ne veulent pas accepter qu'ils soient importants, ils n'aiment pas faire le premier pas, ils craignent le changement... qu'on leur vole leur steak. Le cerveau n'aime pas s'auto-limiter, il aime les récompenses.

D'autres ont du mal avec les interdictions, la paresse probablement. Certains ont l'esprit de contradiction et feront l'inverse de ce qu'il faut faire, juste pour rire. Parce qu'ils ont le choix, ils prennent le mauvais pour voir, comme un enfant qui veut attirer l'attention, ils cherchent la limite…
Typiquement « Je mange ce que je veux ! vu que Total investi dans le pétrole, à côté d'une multinationale, je ne suis rien ».
Des millions de viandards disent la même chose, et Total se met aux renouvelables… donc ce n'est pas pertinent, c'est tous ensemble que l'on doit fournir des efforts.

…

On peut définir l'intelligence par la capacité à prendre de bonnes décisions. Certains font exprès de prendre la mauvaise pour confirmer leur croyance : « je suis bête » ou « je ne suis pas important ».

Le problème vient souvent de l'estime de soi, de préjugés ou de croyances limitantes. Certaines personnes sont persuadées que l'humain va s'autodétruire, donc ils montrent l'exemple fataliste… et arborent un joyeux « profitons de la vie », c'est plus facile que de faire des efforts dans la cuisine.

C'est pourquoi la solidarité est tout aussi importante que l'écologie. L'entraide est indispensable.
Il se trouve que les potagers en ville, les jardins communautaires et les plantations sauvages sont un moyen de créer la

solidarité, un lien social qui prône le bien manger et donc la bonne santé.

Nous mangeons trop, trop mal… pour la majorité…

Mais les habitudes changent à ce niveau-là, beaucoup de choses changent.

Le libre-service de nourriture à prix libre est de plus en plus répandu ; certains jardins potagers sont publics, certaines épiceries sont solidaires, c'est un symbole fort.
On parle même d'une sécurité sociale alimentaire... ce serait génial. Quand tout le monde mange à sa faim, c'est plus facile de vivre en communauté.

Donc pensez à prendre des haricots rouges, des pois chiches et des lentilles, pour vous ou pour les restos du cœur.

La construction

Tout d'abord l'étalement urbain prive les animaux de leur habitat naturel, on s'étale et il y a de moins en moins de nature. En France, toutes les quinze secondes, la taille d'un terrain de foot est recouverte de béton, chaque année ce sont des MILLIONS de kilomètres carrés de verdure qui disparaissent et chaque année de plus en plus vite.

Les plus inquiets sont les plus pauvres qui ne sont pas climatisés, ceux qui vivent sous les toits. Les villes et les banlieues manquent cruellement d'espaces verts, elles sont les premières impactées par la hausse des températures.

Une rénovation thermique, une végétalisation, une transformation amènerait beaucoup d'emplois utiles. L'association « Banlieue climat » redonne de l'espoir à tous les quartiers populaires de France avec des actions d'information et des initiatives locales.
Les immeubles en verre sont comme des serres qui ont besoin de climatisation pour être vivables, cette architecture est obsolète. On voit apparaître des " immeubles-forêts ", des voiles blancs dans les rues, le futur s'annonce verdoyant.

La démographie augmente, il est donc normal de construire de nouveaux logements pour loger les nouveaux habitants.

Mais il existe des solutions pour éviter le béton, car c'est bien le béton le plus gros problème.
Pour le fabriquer il faut beaucoup de sable : trente milliards de tonnes par an. Après l'eau, le sable est la deuxième ressource la plus utilisée.

Il provient de nos rivières, de nos carrières qui arrivent à épuisement, des fonds marins, de nos plages, ou de celles des voisins...
Le sable du désert est rond, malheureusement il n'est pas utilisable en construction.

Il faut aussi du ciment qui est fabriqué à partir de blocs de calcaire cuits à haute température et broyés avec beaucoup d'énergie, de la ferraille, du plastique, des millions de kilomètres de câbles, de gaines, des fenêtres et des portes blindées…

Heureusement, il y a des solutions.
Il existe des maisons passives, c'est-à-dire qui captent plus de CO2 qu'elles n'en produisent à la construction (ou presque).
Comment est-ce possible me direz-vous ?
Hé bien tout simplement, en utilisant du bois et /ou des matériaux qui étaient destinés au recyclage.
Des maisons en bois, paille ou chanvre qui ont capté du CO2. Le carbone de l'air est capté par les feuilles des arbres pour épaissir le tronc donc il est stocké dans les murs et les poutres, à l'abri de l'eau.
Le carbone est alors séquestré à la fabrication contrairement au parpaings, aux briques ou au béton armé qui ont demandé une énorme quantité d'énergie, au niveau fabrication, transport, stockage...

A choisir entre une maison qui stocke du CO2 et une autre qui en produit, le choix paraît simple et pourtant on continue de construire des maisons en béton, en briques, des bâtiments de cinquante étages, des zones industrielles et des autoroutes...

Dans une forêt les arbres meurent, tombent au sol, se décomposent avec l'humidité. Et en se décomposant, ils relâchent le CO2 qu'ils ont capté pour grandir.

Cultiver le bois est une solution d'avenir.

Dans une maison le bois est sec, il ne se décompose pas, donc le carbone qui le compose reste solide, il a été capté dans l'air et s'est retrouvé séquestré dans l'habitation.
Il n'existe pas de meilleur moyen pour absorber du CO2 qu'un arbre. Les océans saturent donc il faudrait penser à cultiver plus d'arbres à la place de la nourriture destinée aux élevages intensifs.

Il existe aussi des maisons passives en matériaux recyclés, des pneus, des bouteilles... on peut même y mettre des déchets ! Ainsi, les déchets des uns sont les ressources des autres.
Le béton-chanvre, le carton recyclé, les isolants en vêtements recyclés, les containers aménagés, les habitats légers...
Il reste beaucoup à inventer, une multitude de solutions durables.

...

Depuis des milliers d'années, on construit des maisons en terre, en pierre, en bois...

En fonction de l'endroit où l'on construit, certaines techniques sont possibles d'autres non... on s'adapte au terrain.
De nos jours, les maisons en béton poussent comme des champignons, l'isolation est souvent médiocre, les murs ne respirent pas et elles ne durent pas plus longtemps en géné-

ral... contrairement aux techniques ancestrales qui ont fait leurs preuves.

La terre argileuse de nos sols est comme une éponge, elle gonfle et dégonfle, des millions de maisons se fissures à cause de ces mouvements que fait la terre.

Des habitats plus légers, déplaçables, c'est-à-dire sans fondations sont des solutions durables à ne pas négliger, pourtant la loi ne les accepte pas souvent.

Les méthodes anciennes demandent plus de main d'œuvre, mais moins de matériel, plus d'heures de travail et moins de matériaux coûteux. Ça tombe bien ! On va avoir de la main d'œuvre quand on va arrêter de produire le superflu !

Petite anecdote en aparté, le plus grand fournisseur de béton du monde, l'entreprise Lafarge a été accusé de financer Daesh...Ils font dans la démolition et la construction... Formidable !
En 2022, l'entreprise Lafarge a été condamnée à payer 778 millions de dollars pour avoir soutenu un groupe terroriste.
D'autre part, l'entreprise brûle des millions de pneus pour chauffer ses fours depuis des années, produisant des fumées toxiques.

Pour faire face au lobby du béton, il y a de plus en plus de petits constructeurs de maisons éco-responsables.

Il existe même des formations de toutes sortes sur l'auto-construction écolo, des accompagnements qui suivent les travaux jusqu'à l'autonomie...

Une aventure qui vaut le coup je pense quand on fait construire, faire en sorte de polluer le moins possible, devenir autonome en énergie. Les maisons imprimées en 3D ont un avenir certain si l'on arrive à y mettre de la terre ou du chanvre comme matière première.

Pour résumer, il existe plusieurs techniques ancestrales qui fonctionnent toujours très bien, la terre paille, les briques de terre crue, le torchis, le pisé... Toutes ces techniques sont complémentaires, mais il n'y aura pas assez de paille ni assez de bois pour remplacer tout le béton et la ferraille. Il faudra donc construire moins, plus petit, restaurer ce qui existe, utiliser des matériaux recyclés et durables.
Les Tiny houses, les kerterres, les yourtes...
Il existe toutes sortes de solutions, il y en a pour tous les goûts, tous les budgets...

Construire durable est dans les priorités. Ce secteur pourrait capter du carbone au lieu d'en produire. Ce n'est pas gagné dans l'esprit des maçons qui ont pris l'habitude de travailler le ciment. Une taxe sur le béton s'impose, un grand changement dans l'habitat, car quelques entreprises feront tout pour rester sur le marché.

Le boycott est la seule option encore et toujours, les citoyens, les collectivités vont devoir résister à la tentation de faire appel à des constructeurs béton… autant que possible.
Au lieu de démolir, on pourrait déconstruire, retirer du goudron au lieu de continuer à artificialiser le sol.

Empiler des pneus en quinconces et les remplir de gravas serait judicieux, il est possible de recouvrir le tout avec de la terre et de la chaux pour l'esthétique.

Nous allons adapter nos modes de vie, redéfinir le concept de maison moderne, développer les low-tech, réduire la taille des nouvelles maisons, optimiser l'espace…

Penser à laisser la terre respirer.

Les transports

L'avenir des transports est plus sobre que ce que l'industrie automobile tente de nous faire croire, les SUV vont devenir obsolètes, la nouvelle tendance c'est la moto électrique!

Depuis vingt ans environ, le poids moyen des voitures a dépassé la tonne, les plus lourdes vont jusqu'à trois tonnes. Pourtant quatre personnes sur cinq roulent seuls, déplacer trois tonnes pour emmener entre cinquante et cent kilos à quelques kilomètres, est-ce vraiment pertinent ?

Quel que soit le véhicule, ou son carburant, le facteur le plus important est le poids, il faut beaucoup plus d'énergie pour déplacer les deux tonnes du dernier SUV que pour une bonne vieille Fiat 500 (500 kg). Avec les progrès effectués sur l'efficacité des moteurs, une voiture de cinq cents kilos pourrait consommer moins d'un litre au cent kilomètre, mais le lobby du pétrole n'est pas prêt à lâcher le morceau.

C'est à nous de demander aux constructeurs des voitures plus légères avec moins d'options, exactement le contraire de ce qui se passe en ce moment.

La mode va changer.

La consommation des voitures varie entre quatre et dix litres d'essence aux cent kilomètres (même pour la plupart des hybrides), le pétrole étant au même prix que l'eau en bouteille, pourquoi s'en priverait-on ?
Un beau camion poids lourd consomme environ du trente litres aux cent à vide, avec un réservoir de mille litres.

On voit bien l'intérêt de consommer local et le moins possible de superflu pour éviter de gaspiller.

Dans tous les cas, le pétrole n'est pas éternel, sa production mondiale baisse depuis 2008, inexorablement. Il va bien falloir passer à autre chose, le biogaz, l'éthanol (éco-responsable) ou l'huile de genoux.

Des millions d'années pour que se forment les fossiles, et en à peine cent ans… on a tout cramé ! Oh les gourmands !!!
Ne restera pour les gosses que le fond de la casserole, les sables bitumineux… de la boue de pétrole !

On en a gaspillé une grosse partie avec nos envies futiles, nos rêves de voyages et de conquête.
J'ai honte d'avoir mis autant de temps à ouvrir les yeux…
Je fais partie de ceux qui ont pris l'avion plusieurs fois, mais pour ma défense, à cette époque on ne parlait pas beaucoup du climat. Aujourd'hui j'essaye de compenser, je me concentre sur les solutions pour faire de mon mieux. Réduire au mieux ma consommation et penser à arrêter tout ce qui pollue le plus tôt possible, voilà tout.

Cent millions … de barils … de pétrole … par jour, voilà ce que les humains consomment !
C'est fou, je vous laisse essayer de vous représenter la montagne de pétrole que l'on brûle chaque jour.

Nous avons créé un système mondialisé qui nous rend dépendants aux énergies fossiles, et nous sommes en train de déconstruire ce système.

L'être humain a toujours voyagé, il ne s'arrêtera jamais.
Nous avons juste à repenser notre vision du voyage.

Favoriser les transports en commun, les trains de nuit, les bateaux à voile, les chars à voile, les calèches, les vélos électriques… les ingénieurs sont sur des pistes incroyables et ne vont pas s'arrêter de chercher.

Il existe un véhicule une place non électrique, prototype qui produit moins de CO2 que son conducteur, on dirait un suppositoire à roulette ! Le bioéthanol et autres bio gaz vont se développer… l'hydrogène n'est pas exclu mais pour l'instant, il reste très dur à synthétiser proprement.

Il existe même, accrochez-vous bien, des jetpacks de toutes sortes, des drones sur lesquels on peut monter, et bientôt je l'espère des ailes bio mécaniques qui imitent le battement d'aile du colibri ou du scarabée.

Il est évident que ces derniers seront réservés à ceux qui en auront les moyens, la majorité devra se contenter de courts trajets au quotidien ou de longs voyages à pied, en bus, en train, en stop…

La lutte des classes survivra, la compétition, le désir mimétique, la jalousie aussi… c'est pourquoi il faut informer le monde entier sur le fait que l'entraide et la coopération sont plus efficaces que la compétition.

Des billets d'avion à vingt euros, des avions de deux cents places qui volent à vide, des bateaux de croisière de la taille d'une ville… Où même prendre la voiture pour faire un kilomètre…

Tout ça n'est plus possible… et pourtant.

La fabrication des véhicules pollue beaucoup, elle correspond à environ la moitié du carbone émis par le secteur transport. Cela veut dire qu'il vaut mieux réparer plutôt que de construire de nouvelles voitures, transformer les moteurs

et garder tout ce qu'on peut réutiliser. Alléger les véhicules de tout ce qui est superflu…
Revenir à la manivelle pour les vitres des passagers serait-il tolérable ? D'après vous ?

…

Les ressources en matières premières ne sont pas inépuisables, il va donc falloir, un jour ou l'autre trouver un moyen de s'en passer.
Marcher est très bon pour la santé, on peut le répéter en boucle, ça ne suffit pas pour dissuader les gens de prendre leur voiture.
Malheureusement, l'huile de genoux est le seul carburant durable officiel.

On peut croire aux théories du complot comme le moteur à eau qui serait presque propre, ou à celle de l'énergie libre et abondante qui donnerait aux voitures électriques un avenir prometteur… Ou alors on peut croire les lois de la physique, en particulier la loi de conservation de l'énergie.
Rien ne se perd, rien ne se crée, tout se transforme… A moins de tomber sur un miracle !

Les constructeurs automobiles auront, je l'espère, des voitures moins sales à nous proposer pour nous laisser le temps de trouver un moyen un jour de nous passer de voitures individuelles. Un mix entre vélos, trottinettes, voitures légères ou vintage, chevaux, trains, bus et jet pack, ça vous tente ?

Un bon vélo électrique à une autonomie entre cinquante et cent kilomètres avec une petite charrette pour les enfants ou les courses, une tenue de pluie, un bon bonnet, des gants et le tour est joué. Oui, l'hiver il fait froid, mais bien équipé, c'est faisable. On s'habitue à tout quand on le désire très fort.

En attendant nos voitures sont là, on va s'en servir tant qu'on a de l'essence à un prix abordable et tant qu'il y aura du lithium et du cobalt à extraire.

On va encore envoyer des particules fines, du co2 et on va rouler pour… trouver un moyen de s'en passer.
Ça va prendre un certain temps, certes.

Tout dépend de nous. …

En attendant, savez-vous ce qu'est l'éco-conduite ?
Vous savez ces gens qui roulent en dessous des limitations, ceux qui prennent leur temps pour passer au vert tout doucement, ceux qui laissent la voiture ralentir tranquillement au lieu de freiner avant le rond-point, bref les « cagouilles », comme on dit par chez moi.

On peut réduire sa consommation du simple au double avec une conduite douce et délicate.
Mon grand-père disait toujours, pour économiser du carburant " il faut appuyer sur l'accélérateur comme s'il y avait un œuf entre ton pied et la pédale".

J'ai appris récemment que d'être en roues libres ne faisait pas économiser de carburant, le moteur doit décélérer avant de passer en roues libres pour éviter qu'il ne tourne vite pour rien.
J'ai appris aussi que les plaquettes de freins et les pneus étaient responsables d'une grosse partie des émissions de particules fines qui tuent des centaines de millions de gens chaque année. Une raison de plus de les économiser.
Freiner pollue et c'est un gaspillage d'énergie, c'est pourquoi le frein moteur est très important, vous économiserez de l'énergie puisque vous ralentissez le moteur, et vous préservez vos freins…

Prendre le temps de laisser la voiture ralentir est très économique et émet moins de particules.

C'est donc un calcul judicieux de partir cinq minutes en avance pour conduire de manière plus économique et responsable. Prendre un peu d'élan en descente, avoir le pied léger, et une fois de temps en temps faire monter le régime quand le moteur est chaud pour décrasser, l'entretien est tout aussi important pour éviter de consommer des pièces détachées.

Je rêve de pouvoir réunir mes activités près de chez moi, j'y travaille, pour faire simple je réfléchis à ce que je peux apporter à un petit village autonome.

L'avenir est incertain, mais il est très probablement dans la création de petits villages autonomes, des éco-lieux en lien avec les autres pour s'entraider à trouver l'harmonie dans le transport bas carbone.
Comme tout le monde je veux rester en contact avec ma famille, c'est important la famille, grâce au visiophone, le manque est tout à fait supportable, mais ce n'est pas pareil.
Être présent au mariage, au baptême, à l'anniversaire des cousins sont des coutumes, il faudra un moment pour changer ça, ou alors les familles peut-être arrêteront de s'éloigner.

Les voitures électriques ne sont pas propres, ni vertes, ni écologiques mais elles ont un avenir certain grâce à un rendement énergétique près de deux fois supérieur, donc moins de gaspillage d'énergie.
Elles polluent un peu moins au niveau CO_2, mais la fabrication des batteries est une catastrophe écologique et sociale au niveau de l'extraction des ressources.
Pour optimiser les batteries de tous nos appareils, il est conseillé de ne pas descendre en dessous des vingt pour

cent de batterie, donc on espère une amélioration dans l'autonomie et le recyclage.

La tendance va se diriger vers les voitures électriques légères, les bio carburants, le solaires, les vélos, les motos nucléaires ! Le plus écologique est de garder sa voiture le plus longtemps possible pour éviter de faire construire des voitures juste pour le plaisir de pouvoir en changer quand on en a assez.

Réduire la distance entre vous et ceux que vous aimez semble être intéressant, on ne peut pas se couper en deux donc, pour certains il faudra faire un choix plus ou moins difficile.
Il y a quelques siècles on n'avait pas de téléphone, encore moins le visiophone.
Soyons raisonnables, on est capables de s'adapter en revoyant notre rapport au temps, à la distance.
Nous prendrons l'habitude rapidement.

Ces dernières années, on a pu compter plus de vingt-mille avions dans notre atmosphère en même temps.

Un aller-retour Paris-New-York, c'est deux tonnes de CO_2 soit l'équivalent de notre objectif annuel par personne. De plus, les traînées de condensation qui suivent les avions ont aussi un effet réchauffant qui fait presque doubler le poids du transport aérien sur le climat.

Certains touristes prétendent vouloir découvrir de nouvelles civilisations mais ne vont voir que les attrape-touristes, ils restent souvent à la piscine de l'hôtel en regardant leur téléphone.

De plus en plus de navigateurs proposent des voyages en bateau à voile à ceux qui veulent traverser les mers, c'est autre chose qu'un hublot dans un suppositoire volant.
Il vaut mieux un long voyage, une aventure, plutôt qu'un passage éclair et mortifère. Si on taxait le kérosène comme les autres carburants, ce serait un bon début.

Le numérique

Un film d'une heure trente en streaming haute définition correspond à la pollution d'environ vingt kilomètres de trajet en voiture… cela résume bien le problème.

La part du numérique dans les émissions de GES augmente chaque année dans le monde, c'est la pollution qui a augmenté le plus vite ces dernières années.
Le numérique pollue plus que les avions ! Ça y est !

Entre la fabrication d'objets connectés et l'énergie nécessaire à leur fonctionnement, les spécialistes ont fait des calculs et nous ont affirmé que notre mode d'utilisation n'est pas durable. Nous avons doublé notre consommation numérique en cinq ans et avec l'arrivée de la 5G nous sommes sur la bonne voie pour doubler encore dans cinq ans.

Des millions de disques durs qui tournent, cela demande beaucoup d'énergie. Des serveurs qui répartissent les informations dans le monde, des machines qui creusent pour trouver des métaux rares et précieux qui composent nos écrans, des usines de pièces détachées aux quatre coins du monde…
Le numérique va changer, devenir plus cher probablement… avec un bilan carbone pareil, ça ne peut pas durer.

La miniaturisation est en cours. Etant donné la quantité d'informations stockées sur le réseau, il va falloir compresser, centraliser, regrouper tout ça de manière à réduire l'impact sur notre environnement.

Au lieu de climatiser les salles remplies de disques durs, on s'organise pour récupérer la chaleur et l'utiliser pour chauffer des piscines, des hôpitaux… Le numérique est sans arrêt en transition. Le souci, que l'on retrouve aussi dans d'autres secteurs, c'est que plus on trouve de solutions pour économiser de l'énergie, plus on développe des outils qui consomment l'énergie que l'on a économisée. On appelle ça l'effet rebond.

C'est comme pour les voitures qui ont des moteurs de plus en plus performants et qui consomment toujours autant, voire plus, puisque les voitures sont de plus en plus lourdes.
Ce qui est différent avec la part du numérique, c'est l'utilisation futile. C'est-à-dire que la majeure partie des vidéos sont dans la catégorie des divertissements.
La vidéo en ligne, c'est plus de 75% de la pollution du numérique. Donc environ trois pour cent de nos GES sont dues à des vidéos stockées aux quatre coins du monde, en quelques clics on pourrait supprimer tout ça, ne garder que l'essentiel et changer notre façon d'utiliser la bande passante, il y a toutes sortes de façons de faire.
En supprimant seulement 50% des données, on libérerait de l'espace de stockage pour plusieurs années, on éteindrait la moitié des disques, des serveurs. Cela laisserait du temps pour miniaturiser, organiser la transformation du numérique pour un système durable.

Chaque jour, plus d'un milliard d'heures de vidéos sont visionnées et d'autre part, environ 700 000 heures de vidéos sont ajoutées, uniquement sur Youtube.

Comment réguler sans aller contre la liberté d'expression ?

Quelles vidéos doit-on supprimer pour faire de la place ?
Quel que soit le thème, on ne sera pas tous d'accord.

Alors on fait quoi ? On garde tout ?

Doit-on garder ce que le public a le plus « liké » ?

Doit-on garder ce qui a un intérêt pour notre avenir ?

Comment choisir ? Quelles alternatives existent-t-il au streaming ?

Le dvd devient obsolète, les chaînes de télévision de moins en moins regardées…

Alors comment stocker toutes ces données en consommant le moins possible ? Des questions sur lesquelles nos « têtes d'ampoules » se penchent…

Peut-être que la solution se trouve dans l'ordinateur quantique… mais pour l'instant, c'est encore flou.

Grosso modo : un quart du stockage vidéo correspond à Netflix, Disney, Prime… un quart YouTube et autres plateformes de contenus, un quart pour nos vidéos de famille et un quart de pornographie.

Ce qui est hors loisirs sur Internet ne consomme presque rien.

Donc le numérique est une pollution futile, à ceci près que le divertissement est indispensable au bien-être…

Heureusement qu'il existe d'autres formes de flâneries, et des moyens de réduire considérablement l'impact du numérique.

Ce que j'explique aux enfants, c'est de bien garder en tête qu'il est fort possible que les écrans soient de plus en plus rares, et que donc on ne devrait pas trop s'y attacher.

Les métaux rares sont, comme leur nom l'indique, de plus en plus rares et on ne peut pas recycler efficacement des microgrammes.

Connecter le distributeur de croquettes, le frigo, la poubelle, mettre des puces GPS sur le chien, sur les clés… cela risque de nous rendre de plus en plus dépendants... assistés par ordinateur et un jour... c'est nous qui assisterons les machines, c'est déjà le cas.

Le numérique ne disparaîtra pas, il va simplement changer encore et encore, il va devenir plus cher.
Peut-on espérer qu'il devienne plus responsable ?

Vous savez ce qu'est un avatar ? (Non, je ne parle pas des extraterrestres bleus de Pandora) C'est un petit personnage virtuel que l'on crée pour se représenter sur les réseaux sociaux ou dans les jeux vidéo en ligne.

Et bien, ce petit personnage virtuel, créé en quelques secondes, consomme plus d'énergie que six somaliens... en moyenne.
Tout comme on gaspille parfois de l'eau, on gaspille aussi des ressources, de l'énergie, du temps ... et notre santé par la même occasion.

Partons du principe que notre temps est précieux, qu'il peut être employé soit à améliorer ce monde, soit à le détruire.
Quoi que l'on fasse, on choisit de polluer, ou pas.
Parfois on a l'impression de ne pas avoir le choix, mais c'est faux, on a toujours le choix.
Assumer le choix est parfois difficile, donc on choisit le moindre mal, le déni encore.
De plus, notre cerveau nous récompense à chaque fois que l'on économise un effort ou de l'argent, à chaque fois que l'on gagne du temps, quand on fait plaisir à quelqu'un... même quand on aide quelqu'un à polluer, on reçoit un shoot de dopamine. Et la dopamine est une drogue, comme toutes les drogues, il faut savoir se modérer. Notre attention est précieuse, nous donnons souvent notre temps et notre attention à des choses futiles qui polluent.

Certains jeunes « gamers » sont capables de regarder quelqu'un qu'ils ne connaissent pas jouer à un jeu vidéo en streaming pendant des heures, ou encore de scroller sur Tik-Tok ou Instagram sans but ni émotions.

On a eu le Tamagoshi, comble de l'inutilité, il faut avouer que les réseaux sociaux sont tout de même plus intéressants… mais il y a mieux encore… Vivre.

…

L'art est pour moi le meilleur des divertissements, mais chacun voit midi à sa porte. Le sport, le tricot, la promenade… c'est bien aussi.

Je ne suis pas inquiet sur le temps perdu, l'attention gaspillée, ni même la violence de certains jeux vidéo… Je m'inquiète sur le fait que nous sommes complètement déconnectés de la réalité scientifique.

Nos activités récréatives ne sont pas durables.

Nous savons que le réchauffement climatique est important, pourtant nous ne nous croyons pas importants.

Nous faisons partie de ces pays riches qui polluent beaucoup.

Nous sommes habitués à polluer cent à mille fois plus que nos voisins africains, est-ce vraiment un privilège ?

Une fierté ?

Le Bhoutan absorbe trois fois plus de CO_2 qu'il n'en émet, de quoi être fier, non ?

Les conditions de vie sont bien différentes évidemment mais contrairement aux idées reçues, la sobriété énergétique augmente le bonheur de la population. Être un adulte responsable est bon pour l'estime de soi, c'est bon pour le moral.

Plusieurs enfants m'ont confié « avoir besoin » des écrans pour être heureux. Les statistiques sont claires, le bonheur ne dépend pas du confort numérique. La France est championne du monde en termes de consommation d'antidépresseurs suivie de près par d'autres pays développés, le taux de suicide est également plus élevé dans les pays industrialisés que dans les pays dits « pauvres ».

Les outils numériques ne remplacent pas le contact humain.

Plusieurs études ont démontré que les écrans peuvent être un frein au développement intellectuel, social et physique, mais tout dépend de l'utilisation que l'on en fait. C'est aux parents de surveiller et d'expliquer les conséquences de leurs actes aux enfants.

Entre adultes, on peut facilement parler écologie si on le fait avec un ton joyeux ou neutre, l'humour noir peut s'avérer efficace (Exemple, l'humoriste Vérino). On devrait en parler plus souvent d'après moi, pour stimuler l'intelligence collective et trouver de solutions à nos problèmes.

Les enfants de cette génération sont hyper sociaux, ils communiquent beaucoup entre eux et c'est une bonne chose.

En même temps, la surdose d'écran et de gadgets électriques pose des problèmes de concentration, de communication… et des problèmes de santé physique également par le manque d'activité.

Les jeux vidéo violents sont un problème car certains enfants y passent trop de temps. Ce n'est pas le jeu le problème, enfin, ça dépend du jeu, les jeux militaires sont tellement réalistes que cela m'inquiète un peu sur la possible manipulation à des fins de recrutement militaires.

Le vrai problème c'est le temps passé dessus qui peut plus ou moins déconnecter de la réalité.

La diminution des ressources et le bilan carbone du numérique indique la fin probablement proche des écrans faciles d'accès.
En tant que parent ou professeur nous ne pouvons que préparer les enfants à un retour aux activités manuelles durables, leur indiquer que leurs enfants à eux n'auront, pour la plupart, pas de téléphone neuf, ni de tablette neuve, ni de jouets en plastique neufs… à fortiori.

On peut espérer que les bons côtés de la technologie numérique resteront présents, l'information rapide et diversifiée, les outils de médecine à distance, assistée par ordinateur, les visio-conférences qui permettent de réduire les déplacements, le télétravail, la dématérialisation…

Le wifi consomme trois fois moins d'énergie que la 4G, qu'en est-il de la 5G ?
Serait-il possible d'avoir des téléphones plus solides comme avant ?

L'obsolescence programmée est aussi à la racine de notre problème, tous nos appareils ne sont pas conçus pour durer, au contraire.
Il faut bien comprendre que les vendeurs n'ont pas intérêt à nous vendre du matériel durable, le but d'une entreprise est de vendre.
Par exemple un ordinateur ou un téléphone devient obsolète en quelques années, les mises à jour ne sont plus possibles.

Heureusement il a Linux, un système d'exploitation relativement facile à installer qui permet de redonner une seconde vie nos vieux ordis. Gratuit, libre, il résiste mieux aux virus et aux crashes, il est rapide, compatible, et il est donc utilisé et conseillé par beaucoup d'informaticiens.

Pour conclure sur ce sujet, je vous suggère de prendre du recul en prenant en compte que chaque génération à toujours une tendance à dire « c'était mieux avant » alors qu'il y a du bon et du mauvais dans chaque époque de l'histoire.
Nous sommes capables de transformer notre utilisation du numérique, de la sublimer, comme le reste.

L'énergie

L'énergie primaire est gratuite, le pétrole est gratuit à la base, le soleil, le vent, la biomasse sont gratuits. Certaines personnes se sont approprié nos ressources pour nous les vendre alors que nous avons des besoins primaires très simples.
Ce sont les agences de publicité qui créent des besoins.

Nous achetons de l'énergie essentiellement sous forme de gazole, de gaz, de charbon et nous les brûlons, c'est devenu une habitude.
Le nucléaire reste marginal à l'échelle mondiale.

Nous aimons le chauffage, la climatisation, la vitesse, le plastique… et nous gaspillons beaucoup de cette énergie.

Tout ce qui nous entoure est le résultat d'une transformation d'énergie. Quand j'explique le dérèglement climatique à des tout petits, je leur explique qu'il y a plein de moteurs et de machines allumés qui font chauffer la Terre.
L'humain a la bougeotte, et il a plutôt intérêt de se calmer sinon mère nature va se mettre à chauffer ! Et notre corps, lui, n'aime pas dépasser trente-sept degrés, cinq degrés de plus et c'est la mort !

L'énergie que l'on utilise vient essentiellement des énergies fossiles, leur production est en baisse depuis quelques années et nous allons finir par en manquer. Nous avons le devoir de nous préparer à l'avance à ce cas de figure évident, il en reste, oui… mais pour combien de temps ?

Pourrait-on arrêter de gaspiller ?

Monsieur Le Maire m'a dit, « il faut arrêter avec l'écologie punitive » et en tant que professeur je suis d'accord, j'ai donné des punitions et j'ai vu que ce n'était pas efficace.

Ce qui est efficace ? C'est la pédagogie.

Expliquer les dangers, les conséquences du dérèglement climatique et de la hausse du prix de l'énergie.
On ne donne pas de cigarette à un enfant, pourtant ce n'est pas une punition. Il faut bien comprendre que nous avons besoin de pétrole pour faire des panneaux solaires, des éoliennes, et qu'il faut régulièrement remplacer ces installations, donc l'énergie « verte » n'est pas la solution, c'est juste un canot de sauvetage, une étape vers le retour à la simplicité.

Le pétrole, le gaz ou le charbon, il n'y a rien d'aussi puissant et pratique, cependant nous n'en avons quasiment pas sur notre territoire donc pas de quoi faire les malins. Nous avons des centrales nucléaires mais elles tombent souvent en panne ou en grève, et sont elles aussi dépendantes du pétrole.

La punition, c'est ce qui nous attend si nous ne nous préparons pas au manque de ressources qui arrive.
Promettre à nos enfants qu'ils auront le même confort que nous est un mensonge, nous devons les préparer à une sobriété choisie pour éviter que le choc soit trop violent.
L'énergie va devenir un luxe.
Espérons que l'on aura droit d'en garder un peu pour se chauffer l'hiver.
Selon la fondation *Carbone 4* qui conseille les entreprises et l'Assemblée Nationale pour réduire les bilans carbone, nous (Français) devons en moyenne réduire notre empreinte car-

bone annuelle en la divisant par 5, c'est une moyenne donc les plus pauvres n'ont presque rien à faire.

Certes, c'est dur à encaisser pour certains… mais c'est un fait. Peut-on regarder un enfant droit dans les yeux et lui dire qu'on va dérégler le climat, fabriquer l'enfer sur Terre ?

Si on brûle les énergies fossiles qu'il nous reste, la génération suivante aura droit à sept degrés de plus, et sept degrés c'est très proche de l'enfer d'après la description des croyants.

Comment faire pour convaincre le lobby du pétrole de laisser l'or noir sous la Terre ?
Cela semble impossible, tout aussi impossible que de trouver une énergie propre à la hauteur des énergies fossiles.
Nous sommes dans l'impasse, à l'entrée de l'impasse.

Un mix énergétique semble indispensable pour la survie de notre économie, mais la fin du pétrole indique clairement un gros changement dans nos modes de vie.
La croissance économique va-t-elle durer longtemps avec une baisse de la production de carburant ?
Nous savons que nous avons utilisé plus de la moitié des réserves, nous consommons chaque année plus d'énergie, les machines qui sortent le pétrole du sol consomment de plus en plus de pétrole pour le même résultat qu'avant (avant le pétrole jaillissait comme un geyser) donc les réserves diminuent de plus en plus vite.

Nous ne manquerons pas de soleil, ni de vent… mais sans pétrole, pas de tracteur pour trouver des métaux, pas de camion pour transporter les pièces…
Les énergies renouvelables et les centrales nucléaires sont complètement dépendantes du pétrole.

Les centrales nucléaires qui ont toutes été construites ces soixante dernières années vont toutes se retrouver en P.L.S, presque toutes en même temps dans quelques années.
Le nucléaire est un sujet polémique et en pleine transformation grâce à la fusion.

Nous finirons par fermer le cycle nucléaire, c'est-à dire utiliser les déchets nucléaires comme des ressources de la même centrale. Les centrales à neutrons rapides, les batteries faites à partir de déchets radioactifs, sont-elles prometteuses ou inquiétantes?
Le nucléaire est tout de même très dangereux, il y a très souvent des incidents dans les centrales, et plus on ira loin dans la puissance, plus les risques seront grands.

L'eau de refroidissement des centrales nucléaires est de plus en plus chaude chaque année. Dès que la température en sortie dépasse une certaine limite, on éteint le réacteur, car le risque pour l'environnement est trop important. Les océans se réchauffent bien assez vite avec le CO_2, ils n'ont pas besoin de bouilloires. Il sera donc fréquent d'avoir des coupures de courant en temps de canicule.

…

Quand bien même nous trouverions une énergie propre, une énergie illimitée… serait-ce vraiment une bonne nouvelle ?

Sommes-nous prêts à recevoir une énergie abondante ?

Nous sommes en train de détruire notre équilibre planétaire, même sans parler du climat, nous détruisons des forêts primaires pour y planter des palmiers ou du soja, nous mangeons tellement de viande que les trois quart de notre production alimentaire sert à nourrir les élevages intensifs…

nous entassons nos déchets, nous les brûlons ou alors ils finissent dans les océans…

Nous les humains sommes devenus un parasite pour notre planète, nous sommes trop nombreux à consommer plus que ce que la planète ne peut fournir.

Soyons réalistes, il nous reste peu de solutions : soit on apprend à vivre ensemble dans la simplicité et l'harmonie, soit on dit au revoir à plus de la moitié de la population.

Si la moitié de votre famille était en danger…

Que seriez-vous prêt à faire ?

Il s'agit maintenant de rétablir l'équilibre naturel entre le vivant et les ambitions des humains, améliorer notre système jusqu'à trouver l'harmonie.

Les prévisions des futurologues

Futurologue ! Un drôle de métier ! Certaines entreprises engagent des futurologues, ce sont des chercheurs qui analysent les tendances et les différents scénarios possibles à partir de données technologiques, économiques et sociales.

Il y en a toujours eu, des devins, des visionnaires plus ou moins doués, certaines prévisions ont tapé en plein dans le mille. Récemment une discipline similaire à la futurologie est apparu face à l'urgence écologique, la collapsologie, étude des effondrements passés et probables. Ce sont des « pseudo-sciences » pourtant leur intérêt est indéniable, il est préférable de faire des prévisions, d'anticiper les problèmes qui s'annoncent plutôt que de foncer tête baissée.

Le réchauffement, les sécheresses et la montée des eaux vont demander de gros changements structurels, nous allons devoir nous adapter progressivement, intensément, faire preuve de résilience. Tourner le dos aux énergies fossiles le plus vite possible.

Ce n'est pas un tsunami qui arrive, ce sont des ouragans de plus en plus fréquents, plus forts, le changement est déjà là, il y a déjà du travail pour tout le monde.

Donc une préparation psychologique et matérielle s'impose. Beaucoup de scénarios sont possibles, éruption volcanique importante, guerre nucléaire, dictature verte… soyons optimiste, ça pourrait être pire !

Tout est possible.

Les auteurs de science-fiction peuvent être qualifiés de futurologues, donc en attendant les voitures volantes… voilà le programme des innovations technologiques en cours.
De quoi rêver ou cauchemarder, selon le point de vue.

Chat GPT en est l'exemple parfait, l'intelligence artificielle va changer beaucoup de choses, beaucoup de métiers vont disparaître quand elle va devenir plus perspicace que nous. Elle aide déjà les enfants à faire leurs devoirs, elle pourra bientôt remplacer un médecin, le fait qu'elle puisse nous écouter pendant des heures lui donne un avantage certain face à un médecin débordé.
L'I.A. va pouvoir remplacer bon nombre de postes à responsabilité, résoudre des problèmes. Elle va évoluer et peut-être nous guider vers plus de logique et de transparence, divulguer des secrets…

La plus incroyable des innovations, ce serait peut-être les nano-robots qui pourraient nettoyer le corps des maladies, jusqu'à rendre son hôte immortel ou presque.
Les dernières recherches sur le vieillissement des cellules ont récemment bouleversées les croyances des médecins, certains médicaments semblent être efficaces pour ralentir le vieillissement.
On est déjà très nombreux, si on ne meurt plus… Ça va vite déborder !
C'est un des concepts du « transhumanisme », mouvement culturel et intellectuel qui a pour objectif, entre autres, de supprimer la mort.
Cette tendance consiste aussi à insérer de la technologie dans le corps et le cerveau afin d' « améliorer » nos conditions de vie.

Neuralink, une des entreprises de l'homme le plus riche du monde à ce jour, promet de faire entrer des connaissances dans le cerveau par transfert de données comme dans le film Matrix. Génial ?

Cet hurluberlu qui prétend vouloir « sauver l'humanité » avec ses entreprises révolutionnaires… en réalité, promet de saccager la planète avant de la quitter dans son vaisseau pour Mars avec ses amis de « MuskCity ».

Pour lui il est trop tard, on est trop stupide pour transformer nos sociétés correctement, on ne va pas pouvoir s'adapter au climat, il faudra partir à l'aventure spatiale.
Un drôle de rêve pour lui, un cauchemar pour son bilan carbone !

Parmi les innovations et les prévisions les plus surprenantes, nous trouvons :

Des usines qui transforment le CO_2 en charbon,
Des laboratoires qui cultivent des algues vertes pour en faire du carburant,
Des imprimantes 3D qui construisent des maisons, des ponts, et même des organes humains,
Du béton à partir de déchets,
Des machines en chirurgie qui opèrent mieux que les humains,
Des vers qui mangent le plastique,
Un mur végétal gigantesque pour stopper la progression du désert,
Des filtres disposés sur les pots d'échappement pour fabriquer de l'encre à partir des particules fines,
Des immeubles forêt, des maisons bio-climatiques,
Des bateaux capables de ramasser tout le plastique qui flotte dans les océans,
Des éoliennes offshore et sur les toits des maisons,
Des autoroutes rechargeantes,

Des écoles entièrement dédiées à l'agro-écologie, l'art, la santé…
Des fermes laboratoires de recherches des variétés anciennes les plus riches et goûteuses, « Conservatoires du goût »
De la nourriture synthétique au bilan carbone négatif, du saumon à base d'algues, des oeufs et de la viande végétale,
Des fermes hydroponiques sous-marines, de l'aquaculture avec des poissons nourris aux farines d'insectes,
Des panneaux solaires plus efficaces plein les déserts,
De l'électricité sans fil par le Wifi,
Des robots qui trient tous les déchets,
Des routes en plastique ou en pneus recyclés,
Des terrains de basket qui absorbent l'énergie des pas et des rebonds pour la convertir en électricité,
Des salles de sport et de musculation qui produisent de l'électricité pour la revendre aux voisins,
Des turbines qui produisent de l'électricité à partir du courant des rivières, des bouées pour l'énergie des vagues
Des ailes personnelles en origami, des jets packs,
Des drones qui plantent jusqu'à 40 000 arbres par jour,
Des îles artificielles autonomes en tout point,
Des voitures autonomes publiques, solaires, légères, qui tournent toutes la journée pour optimiser leur utilisation au lieu de rester au parking,
Du désherbant à base de sucre,
Du cuir à base de cactus,
Des emballages comestibles pour conserver les fruits et légumes plus longtemps,
Des machines capables de désaliniser l'eau de mer,
Des éoliennes portables,
Des aimants et des filtres organiques pour filtrer 99% des micros plastiques dans l'eau
Des boulangeries hybrides avec four solaire et bois,

Des cocons qui permettent de faire pousser des arbres dans le désert avec cinquante fois moins d'eau,

Des simulateurs de vol pour aller n'importe où sur terre depuis votre canapé,

Des lunettes et des lentilles qui soignent la vue,

Des télés transparentes à la place des fenêtres, vitres, lunettes…

Des tuiles et vitres solaires qui produisent de l'électricité, même la nuit,

Des climatiseurs low-tech,

Des peintures réfléchissantes à base d'huîtres pour les toits des maisons, des peintures qui captent du CO2

Des frigos souterrains géothermiques,

Des transports en commun gratuits, partout,

Des chargeurs de téléphone qui fonctionnent à l'urine ou l'eau de mer,

Des panneaux solaires tournesols rétractables,

Des volants d'inertie en béton qui stockent l'énergie

Des vêtements qui durent toute une vie, voire plus,

Des camping-car solaires,

Des vélos électriques sans batteries,

Des gourdes qui rendent l'eau polluée potable,

Des sacs biodégradables à base de roche qui se dissolvent dans l'eau, bons marché et écologiques,

Des engrais à base de méduse et d'urine,

Des filtres à particules sur les machines à laver,

Un carburant à base de bouse de vache,

Des maisons en briques de bois montables soi-même comme des légos,

Des barrières filtres à déchets dans les rivières et les océans pour récupérer la couche superficielle des plastiques flottants, avec des micro-bulles laissant passer les poissons,

Des coraux et des structures artificielles pour préserver la biodiversité marine…

Ça fait rêver.

Mais même si cela donne de l'espoir et des pistes sur les métiers d'avenir, nous sommes bien conscients que la plupart de ces innovations ne sont pas faisables à l'échelle mondiale facilement.

Ma vision personnelle de l'avenir est un monde coupé en deux, avec d'un côté les ultra riches, leurs techno-délires… avec autour d'eux ceux qui veulent leur ressembler. Et de l'autre côté le reste du monde, vivant en harmonie avec la nature ou presque, dans une paix royale pour nous permettre de prendre soin de nous et de nos proches.

Une monnaie mondiale et des milliers de monnaies locales, un retour progressif à la sobriété matérielle pour une très large majorité.
Les plus riches vont se garder la technologie pour leur petit confort. Le reste du monde va travailler à nourrir et contenter ces personnes de quelques spectacles et gourmandises.
Les inégalités vont persister, mais la bienveillance pourrait être au coeur de ce système.
Les artistes ont du pain sur la planche, ils doivent nous inspirer, nous guider vers une sobriété heureuse.
L'avenir pourrait être merveilleux, nous avons plus besoin de paix que d'argent.
Nous sommes de plus en plus nombreux, il va falloir être encore plus poli, plus respectueux. Comme les Chinois, mais avec bien plus d'égalité, de fraternité…
J'aimerais tant qu'il y ait plus d'artistes dans ce monde.

Moi, futurologue… puisqu'il n'y a pas besoin de diplôme pour le devenir, j'imagine des villes verdoyantes avec des fruits et légumes sur les murs les toits.

Tous ces produits seraient gratuits puisque tout le monde participerait à une partie de la production ou de sa distribution au moins un jour par semaine.
On pourrait manger des fruits rouges sur les trottoirs, des noix dans les parcs, boire de l'eau filtrée à la fontaine…

La moitié des agriculteurs actuels seront à la retraite en 2030, nous aurons besoin de NIMA-culteurs (Non Issus du Monde Agricole). Le problème de la nourriture réglée pour tous, il n'y aurait plus qu'à gagner de quoi se vêtir, se divertir et peut-être faire partie des chanceux qui pourront faire un voyage en bateau à voile, en avion solaire, ballon dirigeables au bio-gaz…

La majorité des transports se feront en vélo, en cheval et calèches, des monoplaces électriques avec des aires de camping partout pour les trajets longues distances, des eco-lieux de passages et de rencontres.

La seule haute technologie qui restera sera le smartphone low tech, réparable, et qui remplace tout, même la gazinière !!!

Il restera quelques télévisions, des jeux vidéo, mais la plupart des gens seront en train de s'amuser ensemble à apprendre l'art de leur choix, le bricolage, la construction, la réparation…

Avec tous ces jeux incroyablement drôles et bas carbone qui existent déjà, et ceux que nous allons inventer, on n'aura pas de quoi s'ennuyer.

…

Dans les innovations actuelles moins pertinentes, mais drôles, quand on a de l'humour noir, nous avons :

Des vaisseaux spatiaux capables d'emmener des milliers de personnes au cas où la Terre ne serait plus habitable,
L'extraction de ressources sur des astéroïdes,
Des pistes de ski près de l'équateur,
Un drone qui vous livre le repas pour remplacer le livreur à vélo,
Des pigeons qui servent de station météo, toutes sortes d'animaux dressés à l'attaque,
Un « Blob » dans nos accessoires électroniques, organisme vivant conducteur d'électricité (le fait qu'il y ait un être vivant à l'intérieur créerait soi-disant un attachement à la machine),
Le distributeur de croquettes connecté à reconnaissance faciale, pour éviter de nourrir le chat du voisin, ou pour éviter que le chien ne mange celles du chat… (Très important !),
La brosse à colorer les cheveux (indispensable !),
Des vêtements connectés,
Des lunettes pour regarder des films discrètement,
Des enceintes Bluetooth avec vidéo projecteur, le cinéma portable,
Des lunettes connectées pour éviter de s'endormir au volant,
Des tapis de bains connectés,
Des dauphins mécaniques pour les spectacles,
De la publicité orbitale,
Un tabac sans dépendance,
Des canons à saumon pour les aider à remonter le courant,
Des bombes atomiques pour stopper les ouragans,
Des panneaux solaires dans l'espace qui enverraient l'énergie par micro-ondes (soi-disant sans effets secondaires),
Des gobelets jetables à partir d'écorce d'orange imprimés en 3D,
Des assiettes jetables en feuilles d'arbre compressées,
Des couverts en noyau d'avocat

Des traductions de discours vidéos instantanés avec la même voix et même les lèvres qui suivent les mots traduits…

On trouve toutes sortes d'innovations plus ou moins inutiles et superficielles.

Des scientifiques ont réussi à contrôler les mouvements d'une souris par ordinateur, à implanter des gènes humains dans le cerveau des singes … de nouvelles espèces humanoïdes sont à prévoir… ainsi que des risques de dérives…

Faisons comme s'il y avait assez de ressources pour faire tout ça… admettons…
On pourrait envisager une exploration de Titan, avec peut-être un vaisseau spatial à vapeur capable de se recharger avec l'eau trouvée sur les planètes. On pourrait trouver des ressources dans l'espace…

…

En redescendant sur Terre, nous trouverons : « The Line » : un prince saoudien est en train de faire construire une cité de cent soixante-dix kilomètres de long et de quatre cents mètres de haut, entièrement recouverte de miroirs, où l'on se déplacera en Hyperloop. Une oasis soi-disant « quasi autonome » en plein désert, prévu pour 2030, 500 milliards pour ce projet farfelu digne d'un caprice de princesse.

L'Egypte, quant à elle, est en train de construire un palais qui ressemble à Versailles avec du gazon en plein désert…
Les milliardaires ont des idées…

C'est à ce genre d'innovations que pensent les dirigeants pour nous vendre une croissance verte. Nous faire croire que la science va sauver notre confort, alors que le propre de la technologie est de tomber en panne.

…

C'est utopiste de croire que la technologie va nous permettre de croître indéfiniment, nous allons subir une descente énergétique dans quelques années, des pénuries.
Ils nous promettent des robots intelligents dans l'agriculture, dans l'industrie, et jusque dans nos cuisines. Puis des voitures autonomes pour tous, du solaire et de l'éolien à foison alors que la pollution engendrée par tout ça, si on le déploie au niveau mondial, va détruire notre environnement.

Soyons réalistes, la plupart de ces idées ne sont que des délires de milliardaires, les ressources sont en déclin, donc nous avons le devoir de les garder pour l'essentiel.
La science est une alliée, mais on ne peut pas compter sur elle pour résoudre tous les problèmes.

Sachant qu'en 2018, on a déforesté une surface de la taille de l'Angleterre, j'ai du mal à croire que l'on ait le temps ou l'oxygène pour faire tout cela.

La théorie de l'effondrement est bien plus réaliste, cela dit « effondrement » ne veut pas dire cataclysme, la science et la technologie resteront toujours parmi nous. Si on anticipe la descente, on pourrait amortir la chute.

…

Le Covid a mobilisé les chercheurs ; nous avons beaucoup investi dans la science, la médecine (pas assez de toute évidence par rapport à l'armée, mais bon… il paraît qu'il faut se protéger de l'envahisseur…).

On a trouvé beaucoup de nouveaux médicaments, contre le sida, certains cancers, des vaccins…

Les études sur la santé sont de plus en plus complètes, les médecins et guérisseurs du monde partagent leurs expériences pour forger une nouvelle médecine basée sur la prévention des maladies.

Une médecine qui soigne la racine du mal plutôt que les symptômes.

Malheureusement, le lobby pharmaceutique ne veut pas que l'on soit en bonne santé.

Trop peu connue pour le moment, la kinésiologie amène une approche nouvelle au traitement classique, elle semble avoir un bel avenir dans la médecine, tout comme les magnétiseurs, le « Reiki »…

En 2019, l'ONU déclare la sixième extinction de masse en cours.

Plus d'un million d'espèces menacées de disparition, plus de la moitié de la surface terrestre a été altérée et la totalité des mers et océans est contaminée par les microplastiques.

A ce rythme-là, il n'y aura plus de poissons avant 2050… ou alors des pauvres poissons en plastique !

Des milliers d'îles vont disparaître sous la montée des eaux estimée à plus de deux mètres avant 2100.

Les pays où il fait déjà chaud et humide seront inhabitables une partie de l'année. L'Australie devrait ne plus avoir d'hiver en 2050, les migrations vont se multiplier chaque année.

Des insectes indispensables à la vie du sol sont en voie de disparition, heureusement les engrais chimiques sont de plus en plus rares et chers…

Ce manque de ressources va demander un grand changement dans l'agriculture. L'agro-écologie va se généraliser car elle est plus productive et plus durable, elle demande juste de la main d'œuvre. Nous allons replanter des haies entre les parcelles de cultures pour favoriser la biodiversité et l'absorption de l'eau.

Les essences d'arbres vont migrer aussi avec le changement de climat ; ils ne vont pas se déplacer bien évidemment, ils vont mourir chacun leur tour, et nous sommes en train de les remplacer par des essences qui supportent mieux le chaud et le sec.

On peut s'attendre à voir de plus en plus d'animaux et d'insectes exotiques en France avec la montée des températures.
Les cafards, les moustiques et bien d'autres ont muté pour résister aux insecticides, la nature s'adapte à nos perturbations, elle est capable d'encaisser une grosse partie de notre pollution. Les dirigeants l'ont bien compris depuis longtemps et jouent avec les limites comme des enfants turbulents.
Il serait peut-être temps de devenir des adultes responsables, de faire preuve de prudence.
Plus on se rapproche du gouffre, plus les humains se mobilisent, si rien ne permet d'affirmer que c'est la fin du monde, rien ne prouve le contraire.

Savez-vous que les chiens domestiques ont évolués ?
Leurs yeux sont de plus en plus expressifs et ils comprennent le langage des signes comme le font les singes.
Certaines personnes communiquent avec les animaux comme on parle à un être humain, il est tout naturel que l'on respecte plus les animaux, c'est même urgent.
L'évolution nous emmène vers une symbiose avec la nature, un monde nouveau.

Nous avons découvert un potentiel incroyable venant de la biodiversité, il y a encore des tas de trésors à découvrir dans le biomimétisme…

S'inspirer de nature pour s'adapter à elle, ouvrir les yeux sur les trésors d'ingéniosité qu'elle nous a servi sur un plateaux, il n'y a qu'à contempler.

Regarder de plus près, apprendre à voir plus clairement, avec plus de recul, à ressentir.

Cette symbiose est possible, un monde merveilleux est même possible si l'on s'y met tous rapidement, parlez-en à vos proches !

Un avenir en harmonie avec la nature.

Une vision prospère et joyeuse.

Des inégalités, ok, mais avec moins d'imbéciles si possible, beaucoup moins, ce sera bien.

Liste vertueuse d'éco-gestes

Voici un résumé de toutes les solutions que j'ai trouvées.
Je refuse de croire que la nature de l'humain est de consommer. Je crois qu'il est fait pour jouer, vivre et danser.

Nous allons sortir du déni, montrer l'exemple, repenser le monde, ré-inventer l'art de vivre, actualiser la définition du bonheur.

Les médias ont tenté de nous convaincre de notre impuissance, guidés par le scandale. Le pessimisme fait de l'audimat, soyons optimistes, nous sommes tous importants.

Oui, nous sommes un petit pays. Mais comme tous les autres, nous avons de l'influence sur le monde.
La France est un des premiers pays à avoir pollué, il est logique qu'il montre l'exemple.
L'optimisme est contagieux, j'ai beaucoup d'espoir pour le moment ? et j'en profite pour le partager.

…

Faire de la politique

C'est le plus grand des gestes et le plus inaccessible pour la majorité.
Il faut avoir beaucoup d'audace et ce n'est pas le cas de la plupart des gens. Entrer en politique signifie entrer dans l'arène de ceux qui font changer les choses à plus ou moins grande échelle.

Si vous pouvez le faire, essayez, allez-y !!! Mais armez-vous de patience, de tolérance et prenez garde au côté obscur de la force. Le pouvoir corrompt.

Politique signifie « La gestion de la vie de la cité », il faut bien gérer les problèmes collectifs, et ce n'est pas une mince affaire.
La gestion des déchets, des dépenses collectives, les projets d'aménagement du territoire… dans chaque commune des décisions sont prises chaque jour…

Doit-on investir dans la nouvelle zone industrielle ? Doit-on investir dans la transformation de la ville ?

Pour les collapsologues, il n'y aura pas de transition, d'après leurs calculs on n'est pas dans les temps. Leur avis est d'investir dans l'autonomie alimentaire et énergétique avant que notre système ne s'effondre.
Dans le doute, cela semble une très bonne idée.

La politique d'une ville influence les communes voisines, il y a une compétition entre maires à celle ou celui qui fera mieux que sa voisine ou voisin, chaque décision engendre une consommation d'énergie ou une économie.

Si vous ne vous sentez pas d'entrer au conseil municipal, n'oubliez pas que nous avons tous de l'influence sur notre mairie, nous avons le droit et même le devoir de faire des réclamations utiles, de prendre rendez-vous avec le Maire ou un adjoint, ou encore simplement d'écrire un message.

Cela peut vous paraître comme un petit cailloux jeté dans un lac, je préfère voir cet acte comme un geste citoyen important… comme un petit caillou dans la botte du maire.

On peut réclamer plus de sécurité alimentaire, plus de sensibilisation à la protection de l'environnement, on peut proposer des projets. Il y a beaucoup de communication à faire sur la raréfaction des ressources, l'énergie, le climat, les déchets… faire des conférences, des ateliers, des fresques du climat, des escape games…

Trop peu de mairies prennent le problème au sérieux, ou alors elles n'ont pas les moyens, dans les deux cas, elles sont friandes de bénévoles.

La politique est un thème tout aussi vaste que l'écologie vu qu'il concerne lui aussi tous les aspects de la société, pourtant peu de gens s'y intéressent.

Il faudrait rendre la politique et l'écologie plus sexy, plus tendance…
La complexité du sujet ne donne pas envie de s'impliquer, comme une montagne à gravir, un puzzle sans les bordures.
Aujourd'hui je suis convaincu qu'il y a des gens intègres et bienveillants dans l'arène, qu'il y en a toujours eu.
Nous faisons face à un phénomène particulier, « la viscosité de l'administration » : malgré les progrès technologiques, il persiste un gros problème de communication et de fluidité dans la plupart des administrations.
Ils ont de bonnes intentions pour la plupart, mais il est difficile de résister à la tentation de faire des compromis, difficile d'être un bon leader, et certains n'ont pas envie de se prendre la tête, ils ne sont là que pour les privilèges. Beaucoup d'élus sont des freins aux développements durables, dans le déni, frileux ou même parfois dans la bêtise.

Faire de la politique c'est comme composer un morceau ou faire un tableau, le résultat ne plaît pas à tout le monde mais si on est content de ce qu'on a fait, c'est le principal.

Devenir un leader, ça s'apprend !
Gérer les conflits, assumer les conséquences, c'est un rôle important.
La critique est facile, l'art est difficile.
Dès qu'on a un peu de pouvoir sur les gens, on se rend compte qu'on est plus ou moins responsable de leur comportement.
Un bon leader peut fédérer son audience ou la diviser.
L'art de convaincre, de raconter un nouveau récit, l'art de parler, de communiquer… tout cela demande de l'entraînement.
Comment fait-on pour devenir maire ? ou même député ?
Je vous le demande !

« On ne devient pas chef parce qu'on le mérite, on devient chef par un concours de circonstances, on le mérite après. » César - Kaamelott

Devenir maire c'est ambitieux, tout le monde n'a pas les épaules pour le faire. En revanche, tout le monde est capable de prendre rdv avec un élu. Poser des questions, demander des changements pour sa commune, pour le bien commun.

Les élus sont très souvent sollicités pour des sujets futiles, des places de parking, des PV, des voisins difficiles… beaucoup de bruits qui les empêchent d'avancer sur des sujets plus importants.
Si on leur demandait plus souvent de protéger l'environnement, ils le feraient sûrement, ils veulent être réélus donc ils sont à l'écoute des demandes citoyennes.

Les citoyens écolos ne sont pas ceux qui font le plus de bruit, il serait peut-être temps que cela change.

Plusieurs études montrent que les décisions politiques ont bien plus d'impact que les consommateurs, donc je vous encourage à faire de la politique, pour les aider à trouver une solution au merdier dans lequel nous sommes.

Il existe des spécialistes qui expliquent aux grandes entreprises comment faire de l'argent malgré la décroissance.

Le « Shift Project » a récemment sorti un livre plutôt ambitieux : Le Plan de Transformation de l'Economie Française » pour tenter de limiter les dégâts de notre économie sur le climat.

Tous les secteurs sont à remodeler. Il y a dans ce livre un résumé de plusieurs dizaines d'années d'études, de savants calculs, des diagrammes … au service du bien commun.

Un ouvrage à mettre entre les mains de tous les décideurs politiques.

On peut aussi devenir militant au risque d'être qualifié d'« éco-terroriste ». Il y a toute une panoplie de ZAD, de ZAP pour lesquelles on a besoin d'être nombreux.

Certains militants osent la violence, après des décennies de « flower power ». Ils se battent pour lutter contre ce système criminel qui met en péril l'avenir de l'humanité. Certains même sont interpellés, malmenés, ce sont nos résistants dans cette guerre contre la nature.

« L'humain est en guerre contre la nature, si il gagne, il est perdu. » Hubert Reeves

…

Créer une association

L'éducation populaire est primordiale, beaucoup ne savent pas ce qui est en train de se passer, hypnotisés par leur déni.

Le défi est à tous les niveaux de l'échelle sociale. Et il y existe des associations de toutes sortes où l'on peut mettre son grain de sel.

Simplement faire partie d'une association c'est déjà très agréable, agir. L'action est le meilleur moyen d'être vraiment heureux dans ce monde, s'entourer de personnes dans le même état d'esprit. Chaque petite victoire est appréciable, ça fait du bien de se sentir utile.

Il y a maintenant dans la plupart des villes un collectif nature, une asso pour la protection de l'environnement ou un éco-lieu… et si ce n'est pas encore le cas, c'est peut-être à vous de vous y coller.
Nous sommes tous en mesure de porter plainte pour inaction climatique.
Un groupe de six jeunes portugais l'a fait récemment ; leur plainte s'adresse aux gouvernements de trente-deux pays.
C'est un pavé dans une mare, qui toutefois me donne envie de trouver un avocat pour faire de même.
Si nous étions nombreux à le faire, la justice aurait peut-être plus de place pour s'installer.

Se regrouper pour former un lobby citoyen, faire pression sur les collectivités, manifester, protester, enlever du béton ou encourager à le faire, organiser des événements sur le thème de la protection de la nature, des marchés gratuits solidaires, des ramassages de déchets…
Je fais partie du « collectif environnement » de la ville qui organise des actions politiques et sociales, et j'ai créé une association d'éducation populaire et artistique.
Rien de compliqué, c'est à la portée de tous les courageux.

J'ai aussi passé mon premier niveau de " fresqueur " grâce à l'association « La Fresque du Climat » qui a été créée par des membres du GIEC. Je recommande chaudement cette formation, il y a beaucoup trop de sceptiques encore sur le climat.

C'est un moyen simple et efficace de comprendre les causes et les conséquences du réchauffement climatique. C'est une sorte de jeu ludique, vous pouvez en une journée devenir animateur d'un atelier qui permet de partager un message clair, « Il faut tout changer et vite ».
Il existe la fresque des déchets, celle de la biodiversité, celle de l'eau, celle du numérique, la fresque des nouveaux récits…
C'est galvanisant, c'est enrichissant, rassurant de parler des alternatives, on s'y fait des potes et c'est la seule solution simple :
Expliquer clairement le problème et donner des pistes de réflexion à tous, se mettre en action, partager, discuter, peaufiner… car il existe plusieurs solutions à chaque problème.

…

Devenir influenceur- euse

Il y a plusieurs façons de devenir plus « important ».

Aujourd'hui les influenceurs sont sur le net et ils ont un impact important sur la population.

On peut « facilement » devenir influenceur en suivant les tendances, et donc surfer sur la vague du changement. Nous pouvons nous servir de la technologie pour trouver un moyen de nous en passer.

Si vous êtes une jolie femme, la célébrité viendra plus vite, c'est indéniable. Mais votre charisme ne dépend pas de la taille de votre nez, la beauté est un concept, à chacun ses goûts, il faut des influenceurs de toutes sortes pour influencer le plus de monde possible.

Si on n'a pas les épaules pour tenter de « sauver le monde », on peut contacter des influenceurs et tenter de leur faire prendre conscience de leur bilan carbone, de ce qu'ils pourraient changer dans leurs contenus pour être utiles à la cause. Plus ils recevront de critiques constructives sur leur bilan carbone, plus ils y penseront.

…

Devenir artiste

On peut aussi devenir un artiste engagé, écrire un livre, une chanson, un poème, sculpter des déchets, dessiner ou raconter un avenir souhaitable, danser la vie, représenter le vivant sur scène, construire le futur…

Vous n'avez pas l'inspiration ? Inspirez-vous des meilleurs, piochez à droite à gauche et amusez-vous à transmettre le message à votre manière. On est tous capables de changer les choses puisqu'on est tous importants. L'art est un levier capable de soulever des montagnes.

…

Changer de métier

Les métiers de demain auront presque tous du sens, ils seront utiles à notre société.

Le système sera sensiblement le même au niveau administration mais géré par l'intelligence artificielle, la fraude ne sera plus possible pour la majorité, chaque effort sera récompensé en fonction de sa pénibilité. Exercer des responsabilités est une forme de pénibilité tout aussi acceptable que de porter des charges lourdes.

Je pourrai dresser la liste des métiers essentiels mais vous savez probablement si vous êtes à votre place, l'idée est d'encourager ceux qui n'y sont pas à changer de métier, à se reconvertir.

Pendant un certain temps il y aura du travail dans les énergies renouvelables mais pas éternellement, il nous faut des réparateurs, des profs, des guérisseurs, des facilitateurs, des amoureux de la terre, des artistes, des conteurs d'histoires… mais aussi des scientifiques, des chercheurs en Low-tech, des protecteurs… et bien d'autres encore.

…

Les dépenses

Donneriez-vous votre argent à un meurtrier ?

Achèteriez-vous les produits d'un salopard qui se vante de sa réussite ? Non ?

Et pourtant, chaque jour les multinationales engrangent des euros, des dollars, des yens… et détruisent le vivant.

Chaque geste est important, chaque euro dépensé est un vote. Chacun a pour objectif de réduire sa consommation de superflu pour consommer responsable, et donc encourager ceux qui font dans le durable. Le supermarché est pratique, mais il est le symbole de la super consommation.

Les petits commerçants galèrent, persistent tant bien que mal à subsister face aux géants de la grande distribution et de la livraison à domicile, ils ont besoin de nous.

L'achat compulsif, c'est une maladie, c'est dépenser de l'argent pour le simple plaisir de consommer ou par peur qu'on vous le pique.
Notre cerveau est friand de récompenses. Si on oriente nos dépenses vers le durable et l'essentiel, que se passe-t-il ?
Nous créons un monde durable et donc nous satisfaisons notre cerveau deux fois en un achat… pensons-y.

Le superflu n'est pas le même pour tout le monde, mais l'essentiel oui. Beaucoup trop de gens font des économies sur la nourriture, mangent des produits de mauvaise qualité pour acheter autre chose ou pour payer du chauffage « de confort ». C'est un mauvais calcul pour la santé, et pour l'environnement. Prendre soin de soi est plus important que de donner son argent à des actionnaires.

La grande majorité du superflu est mauvais pour la santé, le consommateur se fait pigeonner et il en redemande, pourquoi ? Parce que c'est bon pardi ! Bon pour récompenser notre cerveau gourmand, sans effort.

Plus on fait d'efforts pour avoir quelque chose, plus la satisfaction est grande, plus l'estime de soi augmente, la confiance, le charisme et donc l'influence. Les plaisirs simples ont un effet très court, on en redemande.
Le boycott est la solution la plus simple, ne pas acheter c'est simple, cela demande des sacrifices pour ceux qui sont accros aux produits des entreprises les plus polluantes. Pour avoir été un grand consommateur de soda et chocolat grassement huilée, je peux vous assurer que le boycott est

simple, satisfaisant, bon pour votre santé et celle de l'environnement.

Il existe des tonnes d'alternatives, quelques minutes de votre temps peuvent suffire à fabriquer de la pâte à tartiner, un yaourt, un shampooing, presser une orange…

Encore une fois, c'est notre rapport au temps qu'il faudrait changer.

Nous pourrions prendre le temps d'apprendre à faire sans le superflu…

…

La livraison à domicile

Plutôt que de tous se déplacer en voitures pour aller faire nos courses, l'on pourrait organiser un service de livraison pour tout.

Amazon se met à la livraison de denrées alimentaires, si on ne veut pas que la nourriture soit distribuée par un milliardaire qui maltraite ses employés et ruine ses fournisseurs, il va falloir s'en préoccuper.

La Fourche, la Ruche qui dit Oui, Bene Bono, sont des sites de livraison de produits bios ou locaux partout en France.

Des entreprises responsables avec un modèle économique admirable, il y en a plein.

Nous pourrions organiser un circuit court entre les producteurs et les consommateurs, organiser au niveau local un réseau de distribution des produits locaux et d'un autre côté un système de récupération des invendus de production, avec des personnes chargées de cuisiner les produits dits « moches », « invendables ».

…

Ne plus faire d'enfant

C'est dur à dire, c'est cruel même, faire des enfants est un de nos besoins primaires, pourtant c'est un peu égoïste.
De nos jours, ajouter un consommateur dans ce monde est un des choix les plus polluants.

Nous les « civilisés » sommes responsables de la pollution de nos enfants, de plus en plus de personnes décident de ne pas en avoir. Élever des enfants dans un monde aussi instable est un défi à relever, une douce folie.

L'éco-anxiété est un phénomène qui touche beaucoup d'humains, du sauvage au civilisé, dans toutes les régions du monde des personnes souffrent en voyant la nature souffrir. L'impact psychologique de la tentative d'extermination de la vie sur terre est parfaitement légitime, sain, tout naturel aux vues de la catastrophe en cours et des prévisions pour le climat
Le paradoxe, c'est que ce sont les gens les plus sages et responsables qui prennent cette décision de ne pas faire d'enfant, donc si les plus sages arrêtent de faire des gosses, la prochaine génération risque de tout ravager. Je ne peux m'empêcher de penser à un « permis de procréer », ce serait immoral, mais plutôt efficace, il faut l'avouer.
Une dictature verte, c'est toujours mieux que la fin du monde, mais ce n'est pas souhaitable pour autant.
Notre meilleure option serait la sobriété choisie.

Si vous avez déjà des enfants, que vous avez pris cette grande décision ou que le destin l'a prise pour vous. Il serait judicieux d'élever l'enfant dans la simplicité matérielle, de ne pas lui faire découvrir (ou pas trop vite) ce qui est polluant et de ce fait, ça ne lui manquera pas. Il y aura probablement un décalage entre ceux qui possèdent des consoles et les autres… On ne donne pas d'alcool à un enfant, c'est pour son bien, il devrait en être de même pour les téléphones, la viande de mauvaise qualité, les jouets en plastiques et tout ce qui met en danger son avenir.

La transition sera complexe, mais il est crucial de leur montrer que l'on peut être épanoui avec peu de technologie. Résister à la tentation de les connecter aux réseaux pour éviter qu'ils ne se déconnectent de la nature.

Il y a un gouffre entre notre génération et la suivante, qu'on le veuille ou non, le monde va complètement changer dans les années à venir.

Nos coutumes ont évolué. Par exemple, le véritable esprit de Noël est en train de faire son grand retour ! La majorité se rend compte de la supercherie. Noël est un moment de fête et d'amour, malheureusement c'est devenu le festival du plastique et du superflu, période de l'année où l'on pollue le plus.
Si le Père Noël existait, il serait responsable d'une grosse partie de la décharge publique…
Lorsque je parle du père Noël aux petits, je leur explique qu'« il en a marre qu'on lui demande de fabriquer du plastique et des jouets qui ne durent pas longtemps ».
Il serait dépressif et alcoolique à coup sûr en voyant les montagnes d'ordures dont il est responsable, pauvre petit Papa Noël.

Les enfants ne savent pas ce qui les attend, ils nous en voudront un jour de les avoir pourris gâtés d'objets inutiles et impossibles à recycler.
Rejeter la faute sur les autres n'est pas un bon exemple à leur montrer, chacun doit prendre ses responsabilités.

J'ai vu des enfants recevoir des kilos de plastiques, et cinq minutes après ils jouaient avec le carton de l'emballage.
En fait, ils veulent un présent, ils ne veulent pas vraiment de plastique.
Ce sont les parents qui font des enfants irresponsables, la publicité aide un peu mais l'éducation va bien au-delà de la politesse.

L'éducation est quelque chose de très personnel.
Je crois que beaucoup de parents sont trop « gentils », trop généreux avec leurs enfants, le monde ne sera pas aussi gentil que vous avec eux, ils risquent d'être très déçu.

La prochaine génération aura le droit d'émettre moins de CO_2. Pensant leur faire plaisir on abîme leur environnement, et on crée de mauvaises habitudes en leur faisant croire qu'il est normal de polluer pour faire plaisir à quelqu'un.

Il est aussi important de leur répéter les consignes de sécurité face aux écrans.
Ce n'est pas leur rendre service que de leur donner ces outils trop tôt ou sans restriction. Le contrôle parental est indispensable pour leur bien-être. Les personnes qui ont inventé ces jeux ne les donnent pas à leurs enfants avant la dizaine d'années, cela devrait nous alerter sur les dangers « cachés » de ces produits.
Il existe plusieurs formes d'intelligence et nous devons toutes les stimuler pour que les enfants soient adaptés à ce monde nouveau.

...

Les Voyages

Prendre l'avion moins souvent !!! Ou pas du tout.

Pour certains, cela veut dire voir moins leur famille, c'est dur, ce serait bien d'aller les voir moins souvent mais de rester plus longtemps !

Si c'est difficile pour vous de vous passer d'avion, prenez le une dernière fois avec du kérosène et attendez un peu, un jour les constructeurs nous sortirons des avions « bio » !!! Ou des ailes personnelles…

L'humain a toujours voyagé, il n'arrêtera jamais.

Aujourd'hui la tendance, c'est le bateau à voile et c'est merveilleux, le voyage devient une partie des vacances, la mer, l'océan, le grand large…

J'ai dit à une amie un jour « Si tu penses que tu as besoin de cocotiers pour aller bien, va vivre sous les cocotiers, ou va voir un psy ».

Avec un casque de réalité virtuelle on peut voyager partout dans le monde. On ne peut pas dire qu'on a fait le tour du monde, on ne peut pas se vanter d'avoir vu du pays puisque qu'on n'y a pas posé le pied et pourtant… Un siècle plus tôt, seuls les plus riches ou les plus aventuriers pouvaient voir le monde, voyager… Aujourd'hui on voyage avec un smartphone bien plus loin qu'on n'oserait aller à pied. Tous les petits coins de paradis du monde sont sur le net, on s'émerveille devant des photos 4K mais on préfère prendre l'avion pour le voir en vrai quitte à participer à la destruction de cette nature avec le kérosène brûlé pour y aller… Quelle ironie.

Le tourisme est une catastrophe écologique de nos jours, nous devrions repenser notre idée du voyage.

Pourquoi vouloir se déplacer dès qu'on a du temps pour se reposer ?

On dit que les voyages forgent la jeunesse… Et bien oui, et c'est encore mieux à pied. On apprend à connaître notre ville et ses alentours, c'est un délice d'explorer le peu d'endroits sauvages qu'il reste, trouver un lit ou un repas n'est pas si compliqué.

Apprendre à connaître sa région et ses alentours peut être extraordinaire, voyager proche, et pourquoi pas à vélo tant qu'on y est !

L'aventure, la Vraie !

Il y a peu de moyens de transport aussi énergivore que l'avion, la fusée d'Elon Musk qui fait Paris-New-York en trente-cinq minutes est d'un autre niveau… Évidemment.

A côté de ça j'ai l'exemple de mon pote agriculteur, vendeur de produits bio qui fait presque une heure de vélo par jour pour aller travailler, pour son bilan carbone et sa santé.

Deux extrêmes, lequel vous plaît le plus ? Lequel admirer ? Les deux ? Vraiment ?

…

Le Chauffage

C'est près de la moitié de la facture énergétique d'un ménage, donc c'est là où l'effort est le plus efficace. L'idéal serait évidemment de s'habituer progressivement à vivre avec un pull et un joli bonnet en hiver (trente secondes de squats ou de pompes et… on a chaud) !

Opter pour les meilleurs appareils de chauffage, les plus durables, avec un bon rendement énergétique comme la pompe à chaleur, les chauffages radiants, les couvertures chauffantes…

Oublier la cheminée ouverte et préférer l'Insert ou le « rocket stove ». Pour la climatisation, un drap humide, un étendoir devant un ventilateur à un effet remarquable, des innovations arrivent dans ce domaine.

En attendant, il s'agirait donc de repenser notre rapport à la chaleur, notre corps est capable de réguler notre température, il est capable de s'adapter au chaud et au froid avec ou sans technologie.

J'ai travaillé sous moins dix degrés dans la neige pour tailler des vignes, j'ai connu le vrai froid qui fait mal, celui qui tétanise… et j'ai retenu une bonne leçon : " Quand on bouge vite, on a moins froid !!!"
On peut contracter les abdominaux pour produire de la chaleur tout en respirant normalement, on me l'a même conseillé pour éviter les problèmes de dos.
Et surtout, surtout, surtout, je me souviens du bonheur que peut apporter la chaleur, le plaisir de se rapprocher d'une source de chaleur, d'une flamme qui vous caresse, vous soulage, vous transmet son énergie… C'est si bon.
Détail important à ce sujet, j'étais frileux jusqu'à ce que je me mette au yoga et la méditation, depuis, j'accepte beaucoup mieux le froid.

Beaucoup de gens dorment sans chauffage avec plaisir. Les plus frileux peuvent se fabriquer une alcôve autour de leur lit avec des couvertures ou des tapisseries…
Notre cher gouvernement nous annonce qu'il faut mettre le chauffage à dix-neuf degrés, alors que l'OMS conseille dix-huit degrés pour notre santé, il est taquin ce président ! Dix-neuf degrés est recommandé pour les personnes sensibles et les enfants en bas âge. D'autre part, techniquement on attrape pas froid à cause du froid mais à cause des virus ou des bactéries. Le froid favorise leur durée de vie, mais il n'est pas responsable des rhumes, ni des grippes… Je vous invite à approfondir ce sujet.

Certaines personnes le savent parce qu'ils n'ont pas les moyens de se chauffer beaucoup, seize degrés, c'est moins cher et ça passe très bien avec un équipement, un mental adapté et pas trop d'humidité.

Étant donné que des sans-abris survivent à l'hiver dehors (plus ou moins bien), quinze degrés c'est tout à fait vivable si vous avez un point de chaleur, un petit radiateur radiant ou une couverture chauffante…
A-t-on vraiment besoin de chauffer les murs de la maison à 18 degrés ? Est-ce utile de chauffer son salon à 19 alors qu'on y est moins de trois heures par jour ?
Et pourquoi pas des vêtements chauffant pour ne chauffer uniquement ce qui a besoin d'être chauffé, au bon moment ?

Par la méditation, on peut apprendre à aimer le froid et je vous invite à le faire pour votre bien-être, pour votre santé, et pour votre porte-monnaie !!!
Un monsieur explique sa technique très bien sur YouTube, il propose des stages de randonnée en slip dans la neige, des bains d'eau à un degré… il explique les bienfaits de la douche froide… Vous êtes chaud ?

…

Eviter le béton

Laisse béton le goudron, faut trouver mieux, l'enlever ce serait bien !!
Laisser la Terre respirer.

L'artificialisation des sols est une des limites planétaires que l'on a dépassées. Il serait judicieux de planter des arbres, partout où c'est possible, de végétaliser au max pour garder la fraîcheur et capter du CO2.
La construction en béton, c'est démodé ! Nombreux sont ceux qui veulent une cabane dans les bois, une maison en

containers, une yourte… Les habitats légers, réversibles sont
prometteurs.
Nous pourrions promouvoir les alternatives, en parler autour
de nous.

L 'avenir, c'est la terre crue, le bois, la terre, le chanvre, on
peut même mettre des déchets dans nos murs pour séques-
trer le carbone au lieu de brûler des pneus comme le fait Lafarge pour fabriquer ses parpaings.   *(Cf chapitre Construction)*

...

Prendre soin de sa santé

Prévenir plutôt que guérir, on n'est pas à l'abri de manquer
de docteurs.

Le secteur de la santé, le soin à la personne représente
beaucoup de pollution aussi, l'industrie pharmaceutique soulage les douleurs et le porte-monnaie.

Mieux vaut faire attention à soi, ne pas laisser la maladie
s'installer.
L'activité physique et l'alimentation sont les bases.
Nous ne sommes pas conçus pour rester assis toute la journée, ni pour faire les mêmes gestes toute une vie.
Nous sommes bien loin de la médecine orientale où le médecin est payé pour vous empêcher de tomber malade.
Essayer la diète peut se révéler salutaire, c'est intéressant
quand c'est bien fait, le jeûne est de plus en plus conseillé
pour certaines personnes, notamment le jeûne intermittent.
Laisser le temps à notre corps de se nettoyer.

Il ne faut pas oublier que l'on meurt plus de l'obésité que de la faim dans notre monde, c'est étrange !

Éviter les aliments transformés, sauf vos préférés évidemment, il faut se faire plaisir.
Donner le goût de cuisiner aux autres, échanger des recettes, partager !!! Marcher, faire du vélo… sont des moyens simples et efficaces de prendre soin de sa santé en faisant des économies. Mais aussi prendre le temps de se reposer est fortement conseillé.

Arrêter de fumer est un geste important, même symbolique, c'est arrêter de se faire du mal.

Un mégot dans un caniveau va polluer cinq cents litres d'eau arrivée dans la mer ou l'océan (oui c'est connecté, il n'y a pas de filtre à mégot dans les égouts).

On peut aussi les accumuler, les collecter et les donner aux associations qui les recyclent.

Scanner les étiquettes des produits peut vous permettre de connaître la catégorie nutritive de vos aliments grâce à l'application « Yuka ».

Produire les médicaments essentiels localement et régionalement serait judicieux, remettre les plantes médicinales à l'honneur, trouver la racine du mal plutôt que de cacher les symptômes.

Santé et climat s'accordent sur un point, si on soigne les symptômes, on ne pense plus à la maladie, et donc on ne s'attaque plus à la racine du mal.

Si on climatisait les rues, on ne sentirait plus le réchauffement, et donc on ne s'inquièterait plus du problème en ville.
De même qu'un agriculteur qui stocke de l'eau pour pallier au manque pendant la sécheresse ne va pas effectuer des recherches sur les moyens durables de s'adapter au manque d'eau pour prospérer. (Il semblerait que le plus urgent soit de sélectionner les semences qui résistent à la sécheresse et de remettre de la vie dans le sol pour stocker l'eau…)
S'adapter aux changements climatiques demande une vision sur le long terme, cela demande de ne pas céder devant la facilité.

On ne peut pas arrêter les énergies fossiles du jour au lendemain sans provoquer une guerre civile, à fortiori. Les hôpitaux et les maisons de retraites ont besoin de climatisation mais pas les écoles. Les enfants doivent s'habituer à la chaleur qui va devenir de plus en plus forte (Cette année à été la plus chaude jamais enregistrée, et la tendance va vers plus de chaleur). Nous avons besoin de la technologie pour nous accompagner dans notre transformation mais il va falloir faire des efforts pour préserver notre climat.
Tous les alpinistes savent très bien que les canons à neige ne sont pas durables, il ne reste plus qu'à convaincre les skieurs et cette aberration pourra cesser.
L'opposition entre nature et économie n'a plus de sens.

…

Utiliser les transports en commun

Le transport est un secteur à développer, on voit apparaître de plus en plus de co-voiturage, des minibus, des bus au gaz naturel…

Déplacer une tonne pour une personne alors qu'il y a cinq places dans une voiture est une aberration. Il est fort probable que vous fassiez le même chemin que l'un de vos voisin, il existe des bla-bla car pour les entreprises, les écoles…

Des applications de toutes sortes, et avec l'augmentation du coût de la vie, nous n'aurons bientôt plus le choix.
Le train est un des moyens de transport les plus propres, malheureusement il est de plus en plus cher, et des voies de chemin de fer sont fermées régulièrement.

Les trajets en train de nuit sont moins utilisés, moins chers… donc à ne pas négliger.

…

La salle de bain

AHH ! La douche froide !!! L'été, c'est faisable… mais l'hiver !!!

Chauffer l'eau, c'est un petit quart de l'énergie d'un ménage en moyenne, donc oui c'est important ! … Et l'eau… je ne vous raconte pas à quel point c'est précieux !!!

Les non-frileux sont en train de se marrer mais je m'adresse à mes amis accros au bain chaud. Heureusement qu'on a inventé la douche solaire, ou plus récemment la douche en circuit fermée « un peu » plus chère.

Il existe des moyens de réduire sa consommation d'eau, des moyens techniques avec des diffuseurs de robinet, des pommes de douche durables, faciles à détartrer. Le mieux reste de réduire le débit. Un cumulus n'a pas besoin d'être

allumé toutes les nuits, certains sont réglables, et on peut les isoler mieux…
Figurez-vous que l'eau chaude entartre bien plus le système que l'eau froide ou tiède.

Petite astuce de Barnabé, faire un petit trou à la perceuse dans une pièce de deux centimes et la caler entre le tuyau et la pomme de douche, cela réduit le débit en fonction de la taille du trou.

Pour réduire la quantité d'eau utilisée sous la douche, on peut mettre un arrosoir dans la douche mais essayer la douche tiède ou froide reste le plus efficace, on y reste moins longtemps. C'est très bon pour la circulation comme se laver les mains à l'eau froide évidemment, on s'y habitue très vite finalement.

Un jour, on trouvera un moyen de faire des bains solaires mais quand bien même… autant d'eau pour un plaisir si court, ce n'est pas durable.
Ou alors cela doit être exceptionnel.
Je suggère de ne pas l'associer à la santé car il existe d'autre manière de soulager les douleurs musculaires.
Mieux vaut prévenir des problèmes plutôt que d'attendre qu'il soit trop tard et que l'eau chaude devienne votre seul re-mède.

Mon fils est habitué à l'eau froide et pour lui c'est agréable quand il ne fait pas trop froid, il se moque de moi qui mets plus de cinq minutes à rentrer dans une piscine à 25 degrés, j'ai honte. J'ai été mal habitué tout simplement, on m'a laissé me brûler la couenne.
C'était long mais je commence à m'habituer petit à petit à cette idée ; progressivement, je réduis ma consommation d'eau chaude (je commence par les pieds avec l'eau froide

du début, j'éteins l'eau pour savonner et je finis à l'eau tiède).

La médecine est très claire sur le sujet, se laver à l'eau froide est très bon pour la santé…

(Vous remarquerez que les solutions pour protéger l'environnement sont presque toujours bonnes pour la santé, comme par hasard…)

Allons plus loin encore tant qu'on y est !

Faire sa toilette, si on n'avait pas le choix, on s'y habituerait très facilement, le gant de toilette pourrait redevenir essentiel et reprendre sa place sur l'étendoir. Par contre il est déconseillé de se laver le visage avec le même gant que pour le fessier, un code couleur serait utile !

Se laver tous les jours est mauvais pour la peau et le système immunitaire.

Pour ce qui est des produits de salle de bains, un savon vert à l'ancienne peut faire le corps entier et les cheveux. Beaucoup de savon blancs contiennent de l'huile de palme.

Il y a le dentifrice solide ou rechargeable, un plant d'aloe vera et une crème au beurre de karité grand format peuvent suffire. Votre corps s'habituera plus ou moins vite à revenir à des produits basiques.

D'après une amie coiffeuse « bio », un shampoing solide adapté une à deux fois par semaine en fonction du type de cheveux, de l'aloe vera et du vinaigre blanc pour les pellicules, un peu d'huile et voilà, vous avez presque tout.

Les problèmes de peau demandent de l'attention donc il est déconseillé de changer tout d'un coup mais je suis convaincu que le corps s'adapte très vite.

La brosse à dent en bambou, un cure-oreille en bois, une tondeuse électrique filaire dure au moins dix ans si elle est bien entretenue…
Utiliser des petites serviettes de bains, elles prennent moins de place dans la machine et sur le sèche serviette.
J'ai un ami qui a fait tous ses meubles cuisine et salle de bain avec des palettes, le bois quand il est entretenu, peut durer très longtemps.

Voilà tout pour la salle de bain, c'est dur de faire plus simple. Je n'irai pas plus loin car le côté féminin ne me concerne pas. Je sais qu'il existe des solutions tout aussi simples et durables de ce côté, vous trouverez.

…

La cuisine

Cuisiner, un art des plus appréciés, sachant que les vitamines et minéraux disparaissent à la cuisson, j'encourage à manger cru, lactofermenté ou vapeur un maximum, mais c'est tellement bon de cuisiner !

L'induction semble le plus économique, les plats en acier inoxydable ou en fonte peuvent durer toute une vie si on y fait attention.
Pour les poêles inox, détail important, les premières cuissons doivent être faites dans les règles de l'art pour " culotter " le métal, le rendre anti-adhésif.
Le Téflon est un cancérigène reconnu, source de beaucoup de pollution à sa fabrication. Il a été responsable de la mort de beaucoup de gens à ses débuts… Procès en cours depuis trente ans.

Les ustensiles en Téflon sont à protéger au maximum : on peut utiliser un morceau tissu ou de carton alimentaire taillé en étoile disposé entre chaque poêle pour les préserver, ne pas les gratter avec autre chose que du bois ou une simple éponge douce.

Quel que soit l'ustensile, appareil à crêpe ou raclette, le Téflon mérite une attention particulière.

Une cuisine toute équipée c'est très agréable mais c'est superflu, les robots cuiseurs, mixeur high-tech, frigo connectés, poubelles connectés, distributeurs de croquettes connectés… sont vraiment superflus.

La bonne cuisine a toujours existé, avec la quantité de sites internet de recettes qui existent, ce ne sont pas les outils qui font le cuisinier, c'est l'envie de bien manger, et la connexion Internet pour certains.

De grâce, arrêtez d'acheter des ustensiles en plastique, vous en avalez suffisamment avec les emballages. Choisissez le bois ou l'inoxydable. Une étude a révélé que nous avalions en moyenne dix grammes de plastique par semaine, perturbateur endocrinien, cancérigène également.

Dix grammes, c'est l'équivalent d'un bonhomme en légo ou d'une carte de crédit… par semaine, c'est incroyable… mais vrai.

Le plastique… c'est dramatique !

Sachant qu'on entasse des montagnes d'ordures, qu'on les brûle, il y a encore un gros travail de pédagogie pour « tendre vers le zéro déchet ». C'est un concept pour l'instant, il ne faut pas se mettre martel en tête.

Une râpe bien solide est un outil indispensable pour cuisiner cru, une mandoline, un presse purée style moulin à l'ancienne pour les soupes… si vous en trouvez un. Pour info, il faut autant d'énergie pour mixer une soupe que nos jambes en produisent pour monter le Mont Blanc.

Un cuit vapeur et une bouilloire électrique pour préchauffer l'eau de cuisson sont moins polluants quand on cuisine au gaz ; Affûter ses couteaux plutôt que d'en acheter des nouveaux parait évident ; Fabriquer des dessous de plats, des gants pour le four, fastoche !

Mettre un couvercle sur la casserole, utiliser une marmite norvégienne ou juste éteindre le feu sous les pâtes deux minutes avant la fin de la cuisson pour laisser la chaleur effectuer son travail. Utiliser cette eau chaude pour dégraisser la poêle à l'occasion. Faut-il faire un chapitre sur l'art de laver la vaisselle !?
Un sous-chapitre alors : … du plus propre au plus sale, on utilise l'eau de rinçage pour remplir ou rincer autre chose, on coupe l'eau dès qu'elle ne coule pour rien, surtout l'eau chaude ! (Qui n'est utile que pour dégraisser, mais loin d'être indispensable).
Le gros savon vert est aussi bien que le liquide vaisselle, une goutte de vinaigre… Bref ! Vous savez tout ça !

Penser à dégivrer son frigo et pourquoi pas laisser le frigo éteint quelques jours pour voir si on est capable de faire sans, l'hiver ce n'est pas compliqué. Y-a-t-il vraiment besoin de chauffage dans la cuisine ? C'est vous qui voyez !

Lutter contre l'obsolescence programmée de nos ustensiles semble très pertinent également, réparer son électroménager… il existe des " repair café " gratuits, des réparateurs pros… Pour l'instant c'est presque aussi cher de réparer que d'acheter une machine neuve, mais c'est un geste important quand on connaît le bilan carbone d'un appareil ménager.

La mode du jetable est passée.

…

Fabriquer ses propres produits

Le zéro déchet est devenu un objectif global, un jour les déchets seront rares.

Nous sommes capables de fabriquer tous nos produits d'entretien et de salle de bain.
Nous sommes en mesure de préparer, en quelques heures seulement, tout ce qui nous est nécessaire avec le moins possible de déchets.
On peut fabriquer de la lessive, du déodorant, du dentifrice, du liquide vaisselle ou des dosettes pour lave-vaisselle, et bien d'autres produits encore avec trois fois rien (Voir les astuces de Jonathan Coni sur les réseaux).

Le zéro-déchet est un objectif, ce n'est pas facile à atteindre, c'est presque impossible pour un occidental, nous devrions simplement tendre vers l'acceptable. Ce n'est pas impossible, juste un peu compliqué.
Si vous êtes adepte de l'eau pétillante, une machine à bulles sera vite amortie.

Quelques ingrédients peuvent suffire pour plusieurs années de préparations. Vous trouverez facilement sur le net des recettes de toutes sortes de produits faits maison. Personnellement, j'achète mes produits sans emballage dans une boutique « zéro-plastique », je recharge mon liquide vaisselle, mon bidon de lessive, mon dentifrice … même le papier toilette se trouve sans emballage… Et pour les puristes, il

existe un arbre qui fait des feuilles aussi douces que du mol-
tonel… Le marronnier, ou plus exotique, le Coléus.

…

Vivre en collectif

L'économie d'échelle ! Plus on est nombreux à partager un
outil, plus on optimise son utilisation.

Vivre en collectif est un mode de vie qui se répand de plus en
plus, on partage tout ce qu'on peut, cela permet d'économiser de l'argent, des ressources, du temps…
Ce n'est pas une évidence, on a été habitués à rechercher
l'indépendance, encouragés à faire construire notre propre
maison, symbole de réussite, un objectif pour certains.
Pourtant c'est tellement plus simple de partager, tellement
plus logique, on peut très bien avoir son intimité et une salle
commune. Les éco-lieux, sont des endroits où l'on s'entraide
pour atteindre un maximum d'autonomie.
Il existe déjà beaucoup d'éco-lieux, d'éco-hameaux, d'éco-
village accueillant des voyageurs en quête de liberté, vous
seriez surpris de l'accueil fraternel qu'il peut y régner.
Pour en avoir visité un certain nombre, j'ai pu remarquer
une ambiance de cousinade très agréable. On se retrouve
entre écolos et écolo curieux et on partage nos déboires pour
atteindre la sobriété.

Pourquoi devrait-on tous avoir une caisse à outils alors qu'on
ne s'en sert qu'une fois par mois ?
La réponse à cette question est simple, c'est parce que le
respect du matériel n'est pas le même pour tout le monde.
Quand on prête un tournevis à quelqu'un et qu'il revient tout
abîmé, on a plus envie de partager. Heureusement que la

majorité des gens sont respectueux, qu'ils font attention au matériel, capables de respecter le bien commun… n'est-ce pas ? Dans ce genre de collectif, on nomme un responsable du matériel qui prend soin de donner un coup de main ou des conseils…
Il existe différents modèles d'organisation.

Le seul problème de la vie en groupe, c'est le respect des valeurs et des usages de chacun.

On n'a pas tous la même éducation donc pas les mêmes habitudes, et il est important de trouver le bon moment pour en discuter, pour mieux se comprendre.
C'est dans ces situations que l'on comprend l'utilité de la gentillesse, de la bienveillance, du respect et même de la politesse.
La gentillesse est contagieuse, bien plus que la bêtise, malheureusement on revient de loin donc on a encore du chemin à faire.

J'ai pu goûter plusieurs fois à une ambiance chaleureuse et bas carbone à la fois, des petits plats gourmands, des produits frais, souvent tirés du jardin, on y fait des ateliers bricolage, fabrication, pizza, des recettes véganes délicieuses, variées et caloriques ! On y fait de la musique, des jeux et on y rencontre des personnes incroyablement humaines.

…

L'habitat

La taille du logement est proportionnelle aux factures, ainsi qu'à son empreinte écologique.

Chauffer une grande maison demande beaucoup plus d'énergie que de chauffer un studio, un habitat léger…
Non seulement nous sommes de plus en plus nombreux sur terre, mais nous sommes aussi de plus en plus gourmands et déraisonnables.
Il existe une multitude de nouveaux moyens de se loger.
La rénovation, la réutilisation de containers, les camions aménagés, les cabanes dans les arbres, les Tiny houses, la Yourte, la caravane évidemment… Chacun a ses avantages et ses inconvénients.

Malheureusement la loi n'est pas encore en alignement avec l'urgence écologique, certains habitats légers ne sont pas les bienvenus pour des raisons obsolètes.
On continu à construire des logements sociaux en béton pour faire soi-disant plaisir aux habitants, alors que le bois et la terre sont des matériaux bien plus chaleureux.
C'est une question de prix, le parpaing n'est pas un luxe, c'est le moins cher, le plus rapide à poser ; mais c'est une catastrophe écologique pour chaque moellon.

Il est urgent de mettre du bois dans les maisons, partout, le plus brut possible pour éviter des gaspillage d'énergie, c'est tellement beau une maison en bois.
En rondins de bois, une cabane bardée de bois, de la terre paille, avec des matériaux nobles, c'est une maison qui respire et qui a une âme, contrairement au béton qui est froid et austère. Un centimètre de bois isole mieux que cinq centimètres de brique ou dix centimètres de béton.

Ce qui est évident, c'est qu'on est de plus en plus nombreux.
Donc pour éviter de grignoter la place de la nature dont nous avons besoin pour planter des arbres et des fraises, nous devrons trouver de nouvelles façon d'habiter, des modes de

vie en harmonie avec le vivant, vivre dans des maisons plus petites ou les partager pour optimiser l'espace.
Pourquoi pas un jour créer des sortes de fourmilières taille humaine en terre et en bois.

Aérer son logement est important pour la qualité de l'air mais aussi pour évacuer l'humidité.
L'hiver, l'humidité donne une sensation de froid, il est donc conseillé d'ouvrir aux quatre vents au moins deux fois par jour.

Installer un ventilateur de plafond est aussi très utile l'hiver pour répartir la chaleur et économiser de l'énergie. Il existe des panneaux réfléchissant pour mettre derrière certains radiateurs, des housses pour les chauffe-eau, des films anti-chaleur pour les fenêtres…

Evidemment, l'isolation de son logement est indispensable au confort. L'exposition au soleil est à réfléchir, la conception d'une serre qui fait jardin d'hiver pour les maisons, d'une pergolas naturelle pour faire de l'ombre l'été… Les architectes ont du boulot.

En attendant, le nombre de logements vacants est indécent quand on connaît le nombre de sans-abri.
Il y a forcément quelque chose à faire dans ce domaine. Plus de solidarité serait la bienvenue, un gros bisou à toutes les personnes qui partagent leur toit, vous êtes des anges.

…

Les low-tech

Définition: Utile, sobre, accessible à tous les usagers, open-source, respectueux de la vie privée et du vivant.

En opposition aux « high-tech », le terme « low-tech » représente toutes les technologies qui sont susceptibles de nous faire économiser de l'énergie et des ressources.

On trouve des machines à laver le linge à pédales, des mixeurs à pédale des outils tractés par des animaux, optimisés par les années de recherches, des outils réalisés à partir de matériaux recyclés…

Un sujet qui fait appel à la créativité et aux neurones de chacun pour trouver des solutions bas-carbone dans tous les aspects de notre quotidien.

D'où l'intérêt d'avoir des écoles avec plus de moyens, pour former une génération de génies compétitifs dans l'art d'optimiser leur bonheur.

…

Respecter le matériel

C'est du bon sens, faire plus attention à tout ce que l'on possède, le faire durer le plus longtemps possible, enseigner aux enfants le respect de leurs jouets, des outils, mais aussi bien sûr, le respect du travail des autres.

On voit de plus en plus de gens jeter leur téléphone au sol quand il ne marche pas parfaitement, pourtant même le mettre à la poubelle est un geste inconscient ! L'appareil à une valeur dans le recyclage et moralement on ne peut pas enfouir des métaux rares dans les ordures ménagères. Il faut plusieurs centaines de kilos de minerais pour fabriquer un smartphone, minerais souvent récolté par des esclaves.

Certains comptent sur l'assurance pour leur acheter du neuf. J'ai même vu des vidéos de joueurs de jeux vidéo exploser leur clavier, leur manette ou bien encore leur téléviseur parce qu'ils avaient perdu une partie " importante " et d'autres parce qu'ils cherchent désespérément à attirer l'attention sans faire d'effort.

C'est un gros problème, le manque de respect en général, le mal engendre le mal.
La bêtise est partout, elle est même mise à l'honneur sur les réseaux, à vouloir faire rire, on partage la bêtise... parfois avec succès.
On peut croire que le respect est une valeur qui se perd et râler, ou alors l'on peut transpirer le respect pour tenter de l'inspirer aux autres.
Et pardonner ceux qui en manquent, on ne leur en a peut-être pas témoigné suffisamment.

...

Recycler

Le recyclage est énergivore mais indispensable.

Chaque déchet est une ressource potentielle. Viendra le jour où les déchets seront tous valorisés.

Il y a de plus en plus de centres de tri, des entreprises qui récupèrent certains déchets pour les transformer en objet utile... le fauteuil roulant fait avec des bouchons, les bracelets Seashepard fabriqués à partir de plastique récupéré en mer, le manteau fourré de mégots nettoyés, les routes en plastique recyclé...

Il existe encore des tonnes de ressources inexploitées.
Le tri à la maison est à la base de nos responsabilités.
Certains diront que « ne pas trier crée des emplois », c'est vrai... Mais, qui a envie de trier les déchets des autres ?

On a besoin d'égalité aussi, de fraternité…
Ce n'est pas un métier agréable, on trouve des déchets innommables ; des seringues de drogués, des couches d'enfants et d'adultes…
Il serait immoral d'abandonner le tri à la maison. Il permet également d'économiser de l'énergie en évitant de déplacer les déchets plusieurs fois.
Il existe de plus en plus de centres de tri qui récupèrent des objets précis, le matériel d'écoliers, les capsules de bière et de vin, les bouchons, les batteries… plein de moyens de revaloriser nos poubelles.

…

Réduire

La quantité ne fait pas le bonheur, c'est bien connu.

Quand on a beaucoup, on veut plus. Et plus on a, plus on craint de perdre. Réduire consciemment notre consommation est plus agréable que la privation je le rappelle. Heureux est celui qui sait se satisfaire de peu.
Moins de voyages en avion, moins de viande, de chauffage, de plastiques, de piles, de sucre…
On pourrait réduire beaucoup de choses en créant de nouvelles habitudes : éteindre les multiprises le soir, prévoir un interrupteur pour toutes les éteindre en même temps. La sobriété peut se prévoir à la conception.

C'est un état d'esprit agréable, le minimalisme, on apprend à se priver volontairement pour apprécier plus.
Trop de stimulations permanentes, de récompenses, saturent nos récepteurs de dopamine. C'est ce qui fait qu'on re-

cherche toujours plus, sans besoin réel, juste par envie de consommer, d'acquérir.
La dopamine peut être stimulée facilement avec du sport, des jeux, en apprenant un art, en faisant un câlin…
Un sevrage de stimulation est parfois important pour se retrouver.

…

Refuser

Savoir dire non !

Quelques commerçants choisissent encore la facilité et utilisent des contenants en plastique jetables.

Selon les produits, les alternatives sont compliquées. Il y a beaucoup de progrès à faire à ce niveau, le sachet en plastique est souvent la seule solution économique et même parfois plus écologique que certains substituts cartonnés.

Refuser peut aller très loin, on peut facilement dire non quand quelqu'un nous offre un porte-clés, un échantillon, un bracelet en plastique fluo…
Refuser un cadeau de Noel ou d'anniversaire c'est plus délicat, donc on peut signaler que la prochaine fois on préfèrera une carte postale, un dessin, une corbeille de fruits de saison… vous avez de l'imagination… vous trouverez.

…

Réparer

L'obsolescence programmée est un fléau qu'il faut éradiquer au plus vite, une aberration.

Il y a des machines programmées pour « mourir ».
Parfois, il suffit seulement d'enlever un composant ou de re-programmer la machine pour qu'elle dure plus longtemps.

Les industriels se moquent de nous et de l'environnement, j'espère que des artisans bricoleurs se cachent dans cette jeune génération, les cours de techno vont sûrement devenir plus importants.

Nous pouvons aussi nous plaindre aux associations de consommateurs et abolir cette supercherie. Chaque voix compte.
Nous pourrions fournir un effort pour réparer tout ce qui est réparable, garder le plus longtemps possible nos voitures, notre matériel, faire appel à des réparateurs…
Le concept de « repair café » est très intéressant : des béné-voles habiles réparent ce qu'ils peuvent et prodiguent des conseils. C'est gratuit en général mais mieux vaut donner son argent à un bricoleur plutôt qu'une multinationale.
Encore une fois, nous avons besoin les uns des autres.

Redonner vie à un ordinateur, un radiateur, une tondeuse… c'est économiser des ressources ! Chaque fabrication est très énergivore, polluante ! Et nous sommes arrivés à un point où les matières premières sont de plus en plus difficiles à extraire du sol. Beaucoup de métaux rares demandent à extraire plusieurs tonnes de roche pour récolter quelques grammes ou microgrammes. Plus il faut creuser profond, plus il faut d'énergie, encore un cercle vicieux.

J'imagine déjà des réparateurs à vélo électrique ou en " Chappy " (moto rigolote) avec une petite remorque pleine d'outils.

Réutiliser

L'eau de pluie pour arroser le jardin, les sacs plastiques des courses dans la poubelle des toilettes, le journal pour la litière du chat, les sacs de croquettes comme poubelle, les sachets papier peuvent servir plusieurs fois…

Si on y fait attention, les feuilles de papier imprimées peuvent servir plusieurs fois, pour faire du papier mâché, des brouillons pour les dessins des gosses, des avions en papier…
Vous avez probablement des tas d'idées sur le sujet et il y a tout un rayon de livres.

…

Les toilettes

Un sujet délicat que certains vont passer.

Commençons par le papier toilette qui nous coûte près de 27 000 arbres par jour, un rouleau nécessite cent soixante-huit litres d'eau pour sa fabrication, ce n'est donc pas durable.

Ce n'est pas hygiénique non plus, soixante-dix pour cent de la population mondiale n'utilise pas de papier cul, ils utilisent de l'eau, un bidet ou un système d'eau sous pression. Le système Boku est très efficace et facile à installer.
Ils ont un argument très pertinent « Si vous aviez de la merde sur le visage, est-ce qu' un morceau de papier toilette suffirait ? »

Visiblement, malheureusement, il nous faut rappeler que les toilettes ne sont pas une poubelle. Attention à ne pas y mettre autre chose que ce qui est prévu pour.

Utiliser huit à dix litres d'eau potable pour un pipi, c'est navrant...
On n'est pas obligés de tirer la chasse pour trois gouttes d'urine. C'est même un engrais pour le jardin, une entreprise la récupère dans les lieux publics, à haute dose c'est aussi un désherbant.
Pisser dehors, utiliser des toilettes sèches (à chaque fois ou en complément des toilettes normales, c'est déjà bien), cela demande une certaine organisation, mais c'est génial, on s'y habitue très vite et la nature vous remercie.
Le modèle de toilette sèche le plus pratique que j'ai trouvé est celui avec un seau en inox, une collerette en inox et une armature bois pour poser la lunette en bois. On y met de la sciure et des copeaux de bois dans l'idéal, ou alors du broyât de plantes, du carton non traité...
Le mélange obtenu est un engrais très intéressant pour les fleurs, les fruitiers, et même le potager si on attend un an ou deux qu'il se transforme en terre. Par contre si vous êtes sous traitement médical, certaines molécules vont se retrouver dans les plantes. Il faudra donc donner votre fertilisant aux fleurs.

En ville, cela est plus compliqué mais comme l'argent n'a pas d'odeur, il y a bien un moyen de rentabiliser cette ressource.

...

Le jardin

J'apprends doucement les principes de la permaculture, ma plus belle réussite est une patate de trente centimètres !

A l'évidence, cultiver soi-même sa nourriture est le circuit le plus court possible, c'est très satisfaisant, économique, bon pour la santé, et rassurant de savoir à quel point c'est simple.

La méthode de culture est très importante car les nutriments dans le sol ne se renouvellent pas tout seuls. Les cultures épuisent les sols en quelques récoltes si on n'apporte pas les nutriments nécessaires.
Tous mes amis jardiniers et moi-même sommes passionnés par les techniques ancestrales, sans engrais chimique ni pesticide.
On mélange les variétés stratégiquement pour que l'une nourrisse l'autre.

Au lieu d'épuiser le sol, on le rend plus fertile d'année en année, on appelle cela " agrader " le sol.
Il est possible de produire plus que les cultures intensives au mètre carré grâce à la polyculture, les plantes s'entraident.

Les terres de la plupart des cultures intensives sont mortes, il n'y a plus d'insectes pour aérer le sol mais la nature est résiliente, il suffira de la laisser faire quelques années pour régénérer la plupart des sols.
Le pétrole des tracteurs n'est pas éternel, les engrais et produits chimiques non plus.
On va devoir mettre les mains dans la terre, produire nos propres légumes, du potager au balcon.
Le jardin d'Eden existe et c'est un mélange de fruits et de fleurs.
Pourquoi n'y en a-t-il pas partout !?
Les écoles d'agriculture se tournent toutes vers l'agroécologie, le respect de la Terre qui a été malmenée durant des décennies.

Malheureusement, les lobbies sont en place, ils ont le contrôle du marché.

Il nous faudrait rediriger progressivement l'argent que l'état donne aux gros agriculteurs vers les petites exploitations, développer l'agro-écologie et revenir au local, changer la PAC (Politique Agricole Commune).

Autoriser les gens à vendre leur production, à échanger, à partager… Transformer les invendus…

Au niveau individuel, le jardin est une aire de jeu et de découvertes merveilleuses, le monde des insectes et des plantes comestibles.

Un terrain d'expériences où l'on peut apprendre à communiquer avec la nature, apprendre à optimiser la végétation de son jardin pour favoriser la biodiversité.

On peut aussi optimiser la végétation autour de la maison pour des questions de lumière et de chaleur, en installant de la vigne en parasol sur le côté sud de votre maison, vous serez à l'abri de la canicule en été et au soleil en hiver puisqu'il n'y a plus de feuilles.

Il existe une panoplie de livres sur ce vaste sujet, il y en a pour tous les goûts, créer un poulailler, une marre, une forêt comestible, une pharmacie naturelle… un sujet à la mode. J'adore partager le fruit de mes récoltes, des arbres, des graines fortes et qui ne demandent pas trop d'eau. Jardiner est un art, et nous sommes tous des artistes.

…

Le compost

De nos jours, avoir un compost est une évidence pour beaucoup de gens.

Le lombri-composter d'appartement ou les composteurs de quartier ont un avenir certain, ce n'est pas bien compliqué à fabriquer avec une poubelle.

Nos déchets organiques sont des ressources inexploitées, on peut s'en servir pour fabriquer son terreau et un engrais pour les fleurs du balcon.
Notre jardin, c'est un bout de terre qui nous « appartient », marcher pied nus dans la terre et les herbes folles, admirer l'œuvre de la nature grandir, les nourrir avec ce qui est à côté, s'assoir et écouter le vent qui chante, pisser sur le compost, et regarder la nature travailler pour nous.

Il y a plusieurs types de composts, en fonction de l'utilisation. On sépare souvent la viande et les laitages du reste pour éviter les rongeurs (il existe aussi le méthaniseur), on ne met pas trop d'agrumes d'un coup, on ajoute de la sciure ou du papier pour mélanger une fois par mois. On arrose si on veut que ça se décompose vite, et on laisse dame nature et ses amis transformer ces déchets en ressources.

...

Retourner à la terre

Outre le compost... Pour ceux qui ne le savent pas encore, même mourir coûte cher.
On n'a pas le droit d'être enterrer comme on le souhaite. Depuis 2009 nous avons le droit à des cercueils en carton, méthode la plus écologique pour l'instant.
L'humusation est une idée intéressante à creuser.
Donner du sens à sa mort serait judicieux, on pourrait rendre à la terre un grand nombre de choses.
Je suis convaincu qu'avec plus de logique, nous pourrions plus facilement trouver un sens à nos vies.

Les potagers urbains

Il y a une nouvelle mode qui a débuté il y a quelques années, c'est le jardinage sauvage, planter illégalement des fruits et légumes dans la ville. Mettre des fruitiers dans les parcs, des tomates cerises dans les jardinières de la ville, mélangés aux fleurs, nous pourrions produire même en ville une grosse partie de notre alimentation.
Il existe des plantations murales, avec des bouteilles d'eau réutilisées, des palettes... On plante sur les toits, les balcons, sur les rebords de fenêtres... On peut même faire pousser des champignons et des endives dans les caves, les placards... à l'abri de la lumière.

...

Manger bio, bien et local

C'est clairement mieux que le conventionnel.
L'agriculture biologique n'est pas parfaite, elle utilise beaucoup de produits phytosanitaires, beaucoup de plastique pour les goutte à goutte. Il existe des tuyaux jetables et des bâches de serres qui se changent tous les ans, ou alors tous les cinq ans, toutefois c'est le même problème que pour le conventionnel.
Parfois en bio, il y a plus de passages en tracteurs que pour l'agriculture raisonnée (qui utilise des néonicotinoïdes tueurs d'abeilles).

Je conseille fortement la bio, c'est mieux (« Le bio » peu importe !), en France c'est un gage de qualité et d'engagement de la part de l'agriculteur, c'est bien plus de travail.

Attention ! Le sulfate de cuivre est bio, mais en trop grande quantité il stérilise les sols. Les rendements en bio sont plus faibles qu'avec des OGM nourris aux engrais azotés… mais la qualité nutritive est bien supérieure.

On ne peut pas passer toute la France en bio rapidement mais on peut le faire et on va le faire, tout comme on va redonner le goût à ce métier de maraicher.
D'une certaine manière c'est grâce à l'agriculture intensive que l'on a fait baisser la faim dans le monde donc il faut rester lucide sur ce problème.
Il va maintenant falloir rendre accessibles les produits bio et le savoir-faire à ceux qui ont faim.

En France les normes sont très strictes, les terres et leurs produits sont contrôlées par le label, analysées, et des sanctions tombent quand le cahier des charges n'est pas respecté. L'agriculture biologique française est très respectable, elle demande beaucoup d'efforts de la part des cultivateurs, nous devrions les encourager, sans passer par les grandes surfaces qui tirent les prix. Acheter directement au producteur son panier préparé avec amour, c'est merveilleux.

Il y a mieux encore que la bio dans l'agro-écologie, il y a le zéro-phyto, l'agro-foresterie, les nouvelles recherches en hydrologie et aquaponie (élevages de poissons qui se nourrissent des déchets végétaux, d'insectes et qui produisent des engrais pour fertiliser les cultures), la permaculture…

Le secteur agroalimentaire est très rentable. Pourtant un à deux agriculteurs se suicide tous les jours, où va l'argent ? Je vous le donne en mille… dans la poche des actionnaires. Protéger la terre, la nourrir et la rendre fertile est un des plus nobles métier, celui qui a le plus de sens.

Les petits agriculteurs peinent à faire face à la concurrence déloyale, l'importation et la culture intensive sont responsables de bien des soucis.

On peut aussi manger des algues.
La spiruline par exemple est riche en protéines, fer, vitamines, chlorophylle… elle demande très peu d'eau et d'énergie à sa fabrication et elle capte du CO2. Ok, ce n'est pas bio mais je ne savais pas où la caser. Elle se cultive en France.
Nous fabriquons aussi des chips aux algues, des farines d'insectes, des protéines « propres » !
Les plantes sauvages comestibles sont partout autour de nous, il y a des formations pour apprendre à les reconnaître… Le local est un atout évident pour minimiser la pollution.

…

Convaincre un sceptique

Attention ! Danger ! Vous ne sortirez pas souvent vainqueur d'un duel anti-sceptique… C'est même parfois douloureux quand c'est la famille mais c'est pour le bien commun.
Il faut moins de dix secondes pour dire une ânerie et il faut souvent plus de dix minutes pour prouver que c'en est une.
Malgré les milliers de vidéos pour expliquer le problème, quand on refuse de croire, on ne peut pas y être contraint. C'est le pouvoir du déni.

Les sceptiques sont pour la plupart des gens qui ont peur, peur de ne pas être capable de s'adapter, peur de ne pas trouver le bonheur dans ce nouveau monde.
La science n'est pas un argument pour eux, ils ont réponse à tout de ce côté, ils choisissent de croire que les scientifiques sont corrompus, ou que l'homme va trouver la solution tech-

nologique… c'est bien plus confortable. Il faut du courage pour accepter la dure réalité, le fait que nous devions être prudents au cas où les climatologues auraient raison.

Pour mes élèves, je prends simplement l'exemple de la bougie : j'allume une bougie, je mets un pot en verre par-dessus et je leur demande ce qu'il va se passer. La bougie s'éteint, je leur explique qu'elle a consommée l'oxygène pour le transformer en CO2.
Je leur explique ensuite que chaque moteur consomme beaucoup plus d'oxygène qu'une bougie et qu'il y en a des milliards sur terre.
Avec un globe terrestre de 80 cm, je leur explique que l'atmosphère représente moins d'un millimètre et que donc ça va très vite. Les arbres et l'océan n'ont pas le temps d'absorber tout ce qu'on produit d'autant plus qu'il y a des émanations de CO2 naturelles et des incendies chaque années.

Pour les adultes c'est plus complexe.

Imaginez un actionnaire de chez Total qui toute sa vie a gagné de l'argent avec ses dividendes. Il ne voudra pas laisser le pétrole dans le sol, il vous dira qu'on a le temps, qu'il n'est pas important, que les autres sont pires…

Imaginez un père de famille qui toute sa vie a refusé de croire les preuves du réchauffement, toute sa vie il a partagé son point de vue, il a converti des gens sensibles avec des paroles rassurantes… Il aura beaucoup de mal à revenir en arrière.
Comment faire virer de bord les plus sceptiques ?

Je n'ai pas de réponse magique, mais j'ai une méthode que j'ai peaufinée au fil des années.

Être confiant sur sa position, calme, à l'écoute, documenté, effronté, rieur et enchaîner les arguments. Quand on est en colère, on n'est pas convaincant.

C'est un peu comme lorsque l'on conduit une voiture et que quelqu'un vous colle au derrière, vous aurez peut-être tendance à ralentir exprès pour embêter celui qui pousse.

C'est pourtant évident, tous les lobbies ont intérêt à payer des climatologues, les médias, les élus… il est dans leurs intérêts de semer le doute pour continuer leurs profits.

Les sceptiques ont tendance à confondre la science et la recherche.

Dans la science il y a des faits scientifiques avérés, alors que dans la recherche, qui fait partie de la science, le doute est la base du raisonnement.

Il est aujourd'hui indéniable que le réchauffement climatique des cent dernières années est d'origine humaine, le doute subsistait encore chez certains géologues, mais les climatologues ont tranché depuis longtemps.

Total énergie était informé des conséquences de l'utilisation des fossiles sur le climat depuis 1971, ils l'ont affirmé publiquement, et pourtant… ils ont retourné leur veste dix ans plus tard, ils se sont mis à semer le doute pour continuer leurs profits.

Un crime contre l'humanité, crime qui sera peut-être le plus meurtrier de l'histoire. Un crime perpétré par les PDG des groupes pétroliers, encouragés par leurs gourmands actionnaires dont 80% sont des actionnaires institutionnels : états, banques, assurances…

Les sceptiques ont aussi tendance à confondre météo et climat, la météo c'est bien évidemment le temps et la température qu'il fait au jour le jour ou d'une semaine à l'autre. Le climat c'est la moyenne des températures sur toute l'année, et cette moyenne est en hausse. Donc dérèglement ou ré-chauffement, les deux sont justes, les dérèglements viennent du réchauffement global.

Les arguments sceptique sont les mêmes depuis cinquante ans, ils sont passés par plusieurs étapes :
Au début, les climato-sceptiques disaient, "la température ne change pas donc il n'y a pas de réchauffement ». Quand c'est devenu indéniable ils ont dit "oui mais le climat a tou-jours varié donc ce n'est pas l'homme le responsable, c'est le soleil ». Puis, ils ont réalisé qu'on avait cramé plus de la moi-tié des énergies fossile que la terre a mis des millions d'an-nées à stocker dans le sol, en une centaine d'années.

Ensuite Trump a dit « c'est une invention des chinois pour ralentir la compétitivité américaine » alors que dans l'histoire ce sont les européens et les américains qui ont prouvé l'exis-tence des gaz à effet de serre.
D'autres ont dit que c'était pour gagner de l'argent sur la taxe carbone ou la vente de panneaux solaires, alors que ça n'a pas de sens, il y a bien plus de profit à faire dans un monde qui ne se réchauffe pas.

Ils vous diront aussi que les arbres ont besoin de CO_2 et c'est vrai.
Si on ajoute beaucoup de CO_2 dans une serre les plantes poussent mieux en effet.
Mais le CO_2 représente environ 0,04 % de notre atmo-sphère, cela parait ridicule pourtant les experts sont formels, c'est lui le plus grand responsable de l'effet de serre.
De plus nous avons coupé plus de la moitié des arbres de la planète et nous continuons chaque année à couper plus vite que ça ne pousse (la taille de l'Angleterre en 2019).
Les océans captent un peu plus que les arbres mais ils sont en train de s'acidifier par l'excès de carbone, de plastique…

Et pour finir ils disent aussi « oui mais l'homme s'est toujours adapté, on va trouver une solution » !! Et là c'est le moment où vous répondez qu'on ne peut pas fabriquer d'éolienne, de panneaux solaires, de nucléaire ou d'hydrogène sans pétrole.
Donc la solution est de ralentir.

Si on brûle tout le pétrole qu'il nous reste pour fabriquer des énergies renouvelables, cela veut dire qu'on sera à quatre degrés de réchauffement autour de 2100, le pergélisol dégèlera et laissera s'échapper encore plus de CO2, on atteindra alors les sept à huit degrés. Le taux d'humidité sera supérieur à ce que le corps peut supporter quasiment partout sur Terre…
Ce sera la fin des haricots.

J'espère que les sceptiques vont finir par accepter que leur cerveau est plein de ressources mais que le biais de confirmation les a induits en erreur.
C'est plus confortable de croire que l'on n'est pas responsable, ça n'engage à rien, ça ne demande pas d'effort.
Pourtant dans le doute, mieux vaut s'abstenir de polluer, tendre vers la propreté donc la sobriété.
Les lobbys du pétrole, du charbon, du gaz, du béton, de la viande, du textile, des autos, de l'aviation... sont tous "embarrassés" par ce problème de climat.

1107 scientifiques climato-sceptiques ont signé un texte qui remet en cause la responsabilité de l'homme dans le réchauffement. Parmi eux quelques climatologues probablement corrompus, deux prix Nobel de physique tout de même mais en grande majorité des scientifiques hors de leur champs de compétences. Parmi eux, certains pensent qu'il n'y a pas de réchauffement, d'autres pensent que c'est le soleil qui nous fait chauffer et d'autres que le climat se refroidit, ils ne sont même pas d'accord.

En 2019, 11 000 climatologues, biologistes et physiciens ont signé une alerte pour mobiliser les politiques et les citoyens à lutter contre les pollutions et le réchauffement climatique. Deux ans plus tôt 15 000 scientifiques avaient publié un manifeste sur l'urgence d'agir contre les multiples pollutions qui mettent en danger la vie sur terre dont le CO2. Récemment le GIEC a déclaré que le réchauffement allait plus vite que prévu.
Nous parlons de consensus car la grande majorité a tranché sur le sujet.

De toute façon, même si on met le climat de côté, on est quand même dans la 6ème extinction de masse de l'histoire et ça les sceptiques n'en parlent pas. On peut même dire extermination volontaire, ce serait plus juste...
Ce n'est pas une météorite !
On peut encore changer nos habitudes, sortir du déni...
Préserver ce qu'il reste le plus longtemps possible.

…

Choisir son téléphone

Il existe une marque de téléphone responsable, apparemment la seule pour l'instant, Fairphone.
Leurs matières premières sont issues du commerce équitable, les composants faciles à changer et à recycler, garanties 5 ans.
On n'en trouve pas d'occasion car ils sont réparables, solides et durables.

Je suis bloqué avec mon Apple d'occasion qui bug, et j'ai hâte d'avoir le temps de transférer mes données pour en acheter un (dès que j'ai fini d'écrire ce recueil, je m'y mets !).

Les métaux qui se trouvent dans nos téléphones, ainsi que dans tous les appareils électroniques sont extraits par des esclaves, dans des conditions abominables, avec des méthodes très polluantes.
Le film « Cobalt » et les documentaires sur le sujet sont édifiants.

Il est important de savoir et de partager le fait que ces métaux rares sont en baisse de production et que leur recyclage est très énergivore et même parfois impossible, les alliages de métaux sont souvent irrécupérables.
Nous allons vers une pénurie de téléphones.
Ne soyez donc pas surpris du prix qui augmente.
Les ouvriers qui travaillent pour nous faire nos précieux écrans sont pour certains payés quelques euros par semaine pour survivre, donc au final ce n'est pas si cher.

…

Choisir sa banque

Pour la banque c'est un peu plus complexe, je vous laisse vous renseigner sur la Nef et Green-got. Il existe des banques mutualistes qui utilisent votre épargne pour financer des projets écolos et durables, des crédits coopératifs…
Les grandes banques sont des monstres de pollution, les plus connues investissent encore et toujours dans les énergies fossiles. On vous dira que sans les banques il n'y aurait pas de transition, et c'est un fait que la création monétaire, le crédit permet aux entreprises de changer les modes de

consommation. Le troc ne permet pas de créer une usine de recyclage, une ressourcerie ou un magasin bio…

Ce qui est insupportable c'est la montagne de pognon qui est détournée par les grands banquiers, les salaires et les retraites sont indécentes. Comme pour les actionnaires de grandes firmes et lobbies, sous prétexte qu'ils sont indispensables au financement, ils se permettent de verser des sommes astronomiques à des personnes qui font des « affaires », du « business ».

Ce sont pourtant bien les travailleurs qui créent la richesse, ce sont les entrepreneurs, les employés, les ouvriers qui leur permettent de créer de l'argent. La répartition n'est pas assez contrôlée, pas équitable du tout, elle n'est pas morale. La pauvreté est voulue.

L'employé de banque n'y est pour rien, le métier de banquier a du sens, ce sont les profits démesurés qui posent problèmes. A notre échelle nous ne pouvons que changer d'établissement pour encourager ceux qui mettent les profits au service du bien commun.

On peut également acheter des actions et des obligations vertes, encourager des entreprises solidaires et durables, les PEA, les fonds communs de placements solidaires… les entreprises durables.
Il existe aussi les livrets de partage, des millions d'euros sont reversés à des entreprises écolos, sociales, des asociations… et permettent des réductions d'impôts.

…

Choisir ses films

Hollywood est aussi responsable d'un gaspillage monstrueux, c'est le plus gros pollueur de Californie après le secteur pétrolier, on ne compte plus le nombre de voitures détruites, explosées et brûlées pour nous impressionner.
Des millions de litres de pétrole utilisés pour les effets spéciaux, des allers-retours en avions, des décors fabriqués puis explosés ou abandonnés.

Les images de synthèse ont réduit le nombre d'explosions réelles, de nos jours certains réalisateurs et acteurs insistent pour recycler le matériel et planter des arbres pour compenser leur bilan carbone mais c'est loin d'être systématique.

On estime à trois pour cent le nombre de films qui parlent de protection de l'environnement, une industrie qui entretient le déni, une distraction efficace pour les lobbies. Alors que c'est un moyen d'informer extra-ordinairement efficace qu'ont inventé les frères Lumière.

Une légende raconte que Hollywood (Bois-sacré) était l'endroit où l'on fabriquait les baguettes magiques des sorciers.

…

Eviter le Cloud, le streaming, le transfert en ligne

Privilégier la clé USB et les disques durs aux transferts en ligne quand c'est possible.
Supprimer ses mails, éviter d'envoyer des logos ou images inutiles…
Utiliser un moteur de recherche écolo comme Ecosia ou Lilo.

Télécharger plutôt que de regarder en streaming, les plate-formes de streaming sont responsables d'un quart de notre pollution numérique, elles pourraient changer leur mode de diffusion. Les plates-formes pourraient commencer par proposer le transfert de fichiers en ligne, puis pourquoi pas dans un second temps faire des magasins de transfert de films et séries où l'on viendrait faire le plein de notre clé.
Un lieu de rencontre, d'échange, où l'on pourrait consommer prendre l'apéro en attendant que le transfert de gigas se termine. En faisant cela on pourrait changer l'avenir du numérique.

En attendant il est souvent possible de diminuer la qualité des vidéos que l'on regarde en streaming grâce aux réglages, et ainsi consommer beaucoup moins d'énergie.

Alléger sa boîte mail semble anodin mais des millions de boîtes mails…
Utiliser le wifi plutôt que la 4G, refuser la 5G qui annonce un développement du réseau, donc plus de pollution. (Cf chapitre numérique)

…

Pratiquer l'Eco-conduite

Rouler moins vite consomme moins de carburant. Mais une fois de temps en temps, il faut pousser le moteur dans les tours pour le décrasser.

J'espère que nos ingénieurs vont se pencher sur les problèmes d'optimisation et de rendement énergétique.
La récupération de l'énergie au freinage, l'aérodynamisme, alléger les véhicules, augmenter la performance, baisser la vitesse maximum (sauf pour les ambulances ou la police),

simplifier le fonctionnement pour éviter la consommation de matériaux superflus, faire des véhicules réparables, normaliser les pièces de toutes les marques…

En attendant, c'est à nous de faire attention à notre façon d'utiliser nos charriotes du diable !
Pour économiser du carburant, il est important de vérifier régulièrement la pression de nos pneus, de ne pas dépasser les trois mille tours (environ) pour passer la vitesse supérieur, sauf pour le décrassage qui se fait avec un moteur chaud, c'est à dire après trente minutes minimum.
On peut aussi décalaminer son moteur régulièrement, pour augmenter son rendement énergétique.
(Cf chapitre Transport)

…

Mutualiser

Le partage est un état d'esprit. Les entreprises de location de matériel sont depuis quelques temps sur le marché, si elles se multiplient, c'est parce que c'est rentable.
Très souvent ce qui est économique est écologique, il est évident que l'on n'a pas besoin d'une perceuse tous les jours, ni même d'un tournevis.
Même la machine à laver peut-être mise à la disposition de plusieurs personnes, l'important est de faire attention aux consignes d'utilisation. Tous les utilisateurs doivent respecter les mêmes règles d'usages pour éviter les conflits.

Un enfant ou une personne qui manque de force aura tendance à plus abimer un tournevis, quelqu'un de maladroit aura plus de chance de casser un outil fragile et donc le respect et la tolérance devront être mis à l'honneur pour que tout se passe bien.

Dans tous les cas nous avons tous à gagner à avoir un garage automobile, un atelier de réparation en commun pour éviter de multiplier les achats superflus et de laisser une caisse à outil dormir toute l'année juste au cas où on en aurait besoin.

…

La fast fashion

La mutualisation pourrait aller loin, on pourrait louer ses vêtements… à part les caleçons bien évidemment, mon esprit de partage s'arrête là !

Nous sommes dans une mode du jetable et elle a fait son temps, nous arrivons dans l'ère du zéro déchet.
Raccommoder pour donner une seconde vie aux textiles, peindre par-dessus les taches, repriser les chaussettes semblait évident pour ceux de la génération précédente, mettre des patchs sur les pantalons, faire des ourlets… Un savoir oublié.
Quand un vêtement n'est pas à la bonne taille on le met sur « Vinted » ou « Le bon coin » et quand il y a un trou il finira au « relais ».
On peut réutiliser les vêtements usagés pour faire des isolants, ou même les compresser pour faire des briques aussi solides que des parpaings.

Il faut savoir qu'un T-shirt demande environ mille litres d'eau à sa fabrication, le coton est traité au pesticides (mauvais pour notre peau), et je ne sais pas si vous avez remarqué mais les vêtements fabriqués de nos jours sont moins solides, durent moins longtemps, la qualité n'est plus au rendez-vous et c'est fait exprès pour en vendre plus.

Heureusement, des petites entreprises ont compris le problème et se remettent à faire des fringues de qualité, le prix est évidemment plus élevé mais c'est le vrai prix du travail bien fait.

Une grande partie des rayons sont remplis de polyester, des fibres synthétiques, du plastique et donc un dérivé de la pétrochimie. La peau respire moins bien, le tissu n'absorbe rien…
Par-dessus le marché ce sont des millions de particules de plastique qui se détachent à chaque lessive. Des particules qui se retrouvent dans les mers, les océans donc les poissons, elles acidifient l'eau, ce qui participe à tuer le phytoplancton petit à petit.

Toutes les nouvelles couvertures à prix imbattables sont des dérivés du pétrole, elles sont douces, elles tiennent chaud certes, logique étant donné que l'air ne traverse presque pas.

L'industrie de la mode est l'une des plus polluante au monde, elle incite à la consommation, les conditions travail des ouvriers sont déplorables, les teinture toxiques, des tonnes d'invendus se retrouvent dans des cimetières (Desert d'Atacama), elles sont brulées et les produits chimiques se retrouvent dans l'air.

…

Calculer son bilan carbone sur le site de l'ADEME

Le bilan carbone est un repère pour se comparer aux autres et à soi-même au fil des ans, nous devons réduire le plus vite possible, je ne juge pas les gens qui ont un mauvais bilan comme des mauvaises personnes (à part les plus grosses fortunes du monde) à chacun son rythme, mais bon… c'est plus simple que ça en a l'air.

Un Français émet par sa consommation une dizaine de tonnes de CO2 en moyenne par an (importations et autre GES compris).
Une grande partie des modestes salariés et chômeurs sont déjà près du niveau requis pour atteindre la neutralité carbone (qui est donc autour de deux tonnes de CO2 par an par personne), on ne peut pas leur demander de fournir des efforts tant que les plus aisés n'ont pas ralenti leur émissions.
Quoi qu'il arrive, les inégalités persisteront, mais ne pourrait-on pas apporter plus de justice.
N'oublions pas que la neutralité carbone en 2050 est un objectif très peu ambitieux quand on connaît l'ampleur des dégâts, on souffre déjà du dérèglement climatique un peu partout. Cela dit, cet objectif est plutôt réaliste vu le chemin à parcourir.
Un effondrement systémique canalisé, une gestion de crise ambitieuse et efficace pourrait peut-être faire mieux…
Mais je vous rappelle que notre Macron (anagramme de monarc) a été élu champion de la Terre, donc… peu d'espoir de ce côté.

…

Se lancer un défi

Une journée sans électricité, à l'ancienne, un mois sans bœuf, une semaine sans viande ou sans sucre, une semaine sans voiture, une journée sans tabac… pas facile ?
Se lancer un défi de temps en temps est le meilleur moyen de se rendre compte des efforts à faire pour ralentir notre consommation.

Après votre défi vous vous rendrez compte à quel point vous êtes capable de changer, à quel point on oublie vite le manque.

La frustration, face à l'objet de votre dépendance quand vous ne pouvez pas y accéder, est facile à gérer, prendre une grande inspiration…
Il suffit de tourner son regard sur autre chose et de passer son chemin, c'est une victoire qui amène une grande satis-faction.

C'est bien plus simple que ce que certains croient, pour la grande majorité des dépendances, le manque est psycholo-gique, c'est le désir mimétique, vouloir faire comme les autres, une forme de jalousie.

« Être » est plus important que « avoir ».

Nous sommes tous uniques et tous importants.
Rejeter la faute sur les autres, c'est du déni. Certains n'aiment pas la vie et donc ne voient pas l'intérêt de la proté-ger, nous avons tous un rôle à jouer dans cette pièce de théâtre que l'on appelle « Transition » et nous aurons tous un rôle à jouer aussi dans celle que l'on appellera « Symbiose » ou « Harmonie ».

…

Utiliser une plate-forme participative

On peut soutenir facilement les entreprises qui vont dans le bon sens, les entrepreneurs qui font dans le durable et le so-lidaire. Il existe plusieurs plateformes de financement partici-patif qui encouragent les petites entreprises et les associa-tions.

D'ailleurs vous pouvez aider la nôtre « Nature et Tempo » sur Tipeee.

Nous tentons de récolter des fonds pour créer un éco-lieu dans lequel seront à l'honneur : l'éducation au développement durable et les pratiques artistiques, la construction écologique et l'agro-écologie.

Nous allons créer une école alternative dans laquelle je serai animateur, une école pour les enfants du coin, particulièrement adaptée à des enfants HPI, Dys, hyperactifs… les élèves seront accompagnés, suivis à leur rythme, entourés de nature et d'activités en lien avec le vivant. Vous trouverez notre projet pédagogique sur la page Facebook et notre site école indigo.com

…

Rechercher ce qui vous rend vraiment heureux

Votre bonheur ne dépend pas de votre empreinte carbone, il est possible de retrouver du sens, de la logique dans nos vies. Le chemin vers le bonheur est semé d'embuches, d'obstacles… Et parfois, on a le droit d'être malheureux, on a le droit d'être de mauvaise humeur, d'être en colère…
On a même de bonnes raisons de l'être, de temps en temps.
Que la force soit avec vous :-)

Programme de Co-intervention EDD
(Education au Développement Durable)

« L'écologie par le biais artistique »

J'interviens dans les écoles, les associations, les centres de loisirs ;
Je propose des ateliers EDD, ou simplement artistiques.
Le programme qui suit a déjà été mis en place dans plusieurs classes et a rencontré un franc succès.
Les enfants sont en demande de lien avec la nature, ils aiment jouer avec trois fois rien.
N'importe quel professeur ou animateur peut prendre en main ces ateliers, les adapter, les utiliser pour sensibiliser à la protection de l'environnement.
L'idée est de vanter les mérites de la sobriété, du minimalisme, et, bien sûr, du système D.
Très peu de matériel est nécessaire.
Par contre, il faut une certaine dose d'audace pour prétendre vouloir « Sauver le monde ».

Le programme est suivi d'un guide d'utilisation qui permet de répondre aux questions des élèves.
J'ai comme l'intuition que beaucoup de gens pourraient être intéressés par ma méthode pour parler de la fin du monde avec calme et bienveillance.
Depuis peu, je propose également d'animer la « Fresque du climat », créée par des membres du GIEC.

<u>Introduction au programme</u>

Selon Stephen Hawking, célèbre physicien britannique connu pour sa « drôle » de voix et son fauteuil roulant, « l'humanité devrait disparaitre d'ici une centaine d'années ».
Il a aussi dit que les extra-terrestres allaient nous envahir, donc nous ferons comme s'il n'avait rien dit et passerons ces détails aux enfants.
L'avenir est très incertain, restons positifs.

L'écologie est un très vaste sujet.
Sa complexité créée beaucoup de débats dans la société.
Passionné par cette science, j'aimerais apporter mon aide aux associations, aux écoles et à toutes les structures qui s'occupent d'enfants.
Je suis animateur culturel et sportif, je propose aussi des interventions, des conférences et/ou des réunions avec les animateurs et professeurs pour simplifier l'approche de l'écologie et partager le plus largement possible.

Certains pays sont en avance par rapport à la France dans le domaine de l'éducation. Nous pourrions nous inspirer de ces pays, nous avons le devoir de rattraper ce retard.
Pour limiter notre empreinte carbone et les autres pollutions, il est primordial que les informations soient relayées par les écoles et autres collectivités.

Il existe encore beaucoup de personnes dans le déni de l'urgence.
L'écologie est une science qui a sa place à l'école, et tous les professeurs devraient à mon sens être formés sur ce sujet, au minimum informés sur l'urgence.

L'école est le moyen de validation le plus efficace car ce qu'on y apprend est rarement remis en question dans les foyers.

Pour capter au maximum l'attention des enfants, je propose une approche ludique par le biais artistique.
J'adapte le discours en fonction de l'âge.
Dans une optique pédagogique, je propose d'alterner l'information, le jeu, l'interaction et la répétition.
Une approche par le cirque, le dessin, la sculpture, l'écriture, le théâtre, la musique et le jardinage.
L'ampleur du problème environnemental et l'insouciance de la population sont inquiétantes.
Le réchauffement sera variable entre deux et sept degrés de plus à la fin du siècle en fonction de notre comportement durant ces prochaines années.

Les décisions politiques n'étant pas à la hauteur de l'enjeu, notre consommation et nos choix ont de ce fait une certaine importance.
Des solutions existent à chacun des problèmes environnementaux et grâce à ce programme, je propose d'en présenter quelques-unes aux enfants, et par la même occasion, d'encourager les parents à changer leurs habitudes.

La posture proposée est de répondre aux multiples questions que se posent les enfants et leur professeurs tout en restant objectif et optimiste.
Des milliards de vies sont en jeu. Il est important de garder espoir et de répéter les solutions possibles, d'alimenter les discussions entre camarades pour les orienter vers l'action, le respect de l'autre et de l'environnement.

On ne peut pas changer tout d'un coup, c'est la raison pour laquelle nous avons intérêt à nous y mettre le plus tôt possible.

Je garde espoir, car quoi qu'il arrive, il y aura toujours quelque chose à sauver. Perdre espoir n'est pas pertinent.

Dans l'hypothèse malheureuse où il serait déjà trop tard, nous avons le devoir de rester dignes face à l'adversité qui se prépare.

Notre cerveau est très attentif aux évènements actuels.

Malheureusement, il n'est pas habitué à se projeter sur l'avenir à long terme. Les enfants oublient vite, ils vivent dans le présent.

Ils n'ont pas encore conscience de la complexité du sujet, il est donc urgent pour notre avenir à tous d'accélérer la transition… je dirais même plus : La Transformation.

Mon but est de donner des solutions concrètes et applicables, des informations marquantes et/ou encourageantes, pour ainsi permettre aux enfants de soulever la problématique à la maison.

Pour être bien cohérent avec le thème de l'intervention, je propose de favoriser la discussion et l'action à l'utilisation de transparents plastiques.

Il serait utile de distribuer un polycopié résumant chaque séance, approuvé par l'école, pour illustrer et laisser une trace dans leur cahier pour les parents.

La durée de la séance peut varier entre deux et trois heures.

Je suis ouvert et à l'écoute de toute proposition pour enrichir ces documents.

Atelier 1
Définition de l'écologie
(Dessin)

Bien définir la base, l'écologie est une science, très complexe car elle concerne presque toutes les activités humaines, mais accessible à tous.

- **Qu'est-ce que l'écologie ?** (débat entre élèves pour arriver à la définition) :

« Science qui étudie les relations entre les humains et leur environnement »
Observer quelle est leur définition de ce mot qu'ils ont probablement déjà entendu (ou pas), et leur donner la signification précise.

- **Quels sont les problèmes liés à l'environnement ?**

Lister oralement les différents problèmes qu'ils connaissent par levée de doigt et les noter au tableau. (dérèglement climatique, déchets, étalement urbain, construction, alimentation, transports, énergie, surconsommation, biodiversité, le manque d'eau…). Puis établir des connexions entre chacun des problèmes pour mettre en avant la complexité du défi de la transition.

- **Quelles sont les solutions ?** (par groupe de 4 ou 5 élèves)

Les élèves discutent entre eux des solutions possibles pendant 5 minutes. Passé ce délai, lister avec eux les réponses correspondantes aux problèmes énoncés, puis compléter.

Limiter les transports, manger plus de fruits et légumes de saison, des produits locaux, apprendre à cultiver sans pesti-

158

cides, acheter le moins d'emballage possible, limiter la consommation de viande, de jouets en plastique, utiliser moins d'énergie, moins d'eau, prendre soin de ce qu'on a déjà, réparer, recycler, s'intéresser au sujet, encourager ceux qui fournissent des efforts, s'entraider, partager les informations… et accepter que certaines personne n'aient pas la force de faire tout ça.

Il est de notre devoir de les rassurer en leur expliquant que des millions de gens travaillent au changement, que chacun peut faire sa part tous les jours et que l'on a le droit de ne rien faire, ceux qui n'ont pas le courage de fournir des efforts peuvent attendre pour voir si la science trouve des solutions à tous ces problèmes… Mais à quel risque ?
Certaines personnes ont de gros problèmes personnels et ne se sentent pas concernés par les problèmes collectifs, on ne peut pas les convaincre de changer, on peut simplement les informer.

Petite histoire du colibri pour illustrer le propos :
« Un immense incendie dans une forêt de la savane fait fuir tous les animaux, ils courent tous vers le lac pour échapper aux flammes et sur le chemin un colibri va en sens inverse en direction du feu avec trois gouttes d'eau dans son bec.
Un éléphant le voit passer mais tandis que le petit oiseau fait demi-tour, l'éléphant lui demande : « qu'est-ce que tu fais avec ta goutte d'eau ? tu ne sers à rien !
Peut-être, répond le colibri, mais je fais ma part. »

Atelier Dessin :
Pour les plus petits, **dessiner une planète** au crayon d'abord et/ou avec de la peinture écologique (à base de craies colorées ou de pigments naturels, fabriquée en cinq minutes)
Une planète avec des gros yeux, une bouche, des émotions…

Du type smiley « emoticon », pour favoriser l'empathie envers cette dernière.

Pour les plus grands, apprendre la reproduction d'un modèle grâce à la technique du quadrillage. On trouve facilement des modèles quadrillés sur le net mais il est important de savoir faire un quadrillage correct.
On peut passer plusieurs heures sur un dessin, cela développe la patience, c'est une activité qui demande très peu de matériel et ne fait presque aucun déchet.

Présentation du zéro déchet :
Notre généreuse planète peut absorber une certaine quantité de pollution, le zéro déchet est un concept qui consiste à réduire au maximum, tendre vers zéro, sachant qu'il est presque impossible de ne pas remplir une poubelle de nos jour. Leur expliquer comment certaines personnes arrivent à ne pas polluer ou presque… Le plastique n'est pas à l'origine du bonheur.
Pour les plus grands, définir ce qu'est l'addiction (au sucre, aux jeux vidéo, au pétrole, au plastique…), le matérialisme, le désir mimétique, le déni (syndrome de l'autruche), le scepticisme… si on a le temps.

Beaucoup trop de gens croient encore que le réchauffement n'est pas causé par les humains. Dans toutes les sciences le doute est la base de toute réflexion mais attention à ne pas confondre science et recherche. La science est l'expression de la vérité, la recherche c'est le doute.
Selon l'angle de vue, une étude peut en contredire une autre.

A l'heure actuelle, la quasi-totalité des scientifiques s'accordent à dire que l'homme est responsable du dérèglement climatique ainsi que de la perte de biodiversité. C'est plus que suffisant pour agir en conséquence.

En science, le 100% sûr n'est pas simple à définir.

Et quand bien même nos scientifiques trouveraient une solution pour stocker du CO_2, le climat est loin d'être le seul problème.
Nous sommes officiellement en train de vivre la sixième extinction de masse.
Contrairement aux autres extinctions, une seule espèce est responsable de cette catastrophe, la nôtre, et nous en sommes conscient depuis des décennies. « On peut donc qualifier cette extinction d' « Extermination délibérée ». » (Cette dernière phrase est plutôt réservée aux ados)

Pour favoriser la mémorisation des informations, je répète souvent les mêmes phrases clés qui seront affichées lors de l'exposition en fin d'année.
Un évènement médiatisé avec l'autorisation du chef de l'établissement, il résumerait les problèmes et les solutions mises en évidence par les ateliers. Des dessins, des affiches, des sculptures, des photos des ateliers seront exposés dans une salle de l'école.

Nous faisons partie de la nature, nous avons le devoir de changer nos mauvaises habitudes pour pouvoir nettoyer notre planète, commencer le plus tôt possible… serait intéressant.

Atelier 2 :
La surconsommation et les écrans
(Cirque)

Notre planète est pleine de ressources.

Qu'est-ce qu'une ressource ? ce qui vient d'une source.

Il en existe deux catégories :

Les renouvelables : le vent, le soleil, l'eau, la terre, le bois, le coton, le lin, le chanvre…

Et les non renouvelables : les énergies fossiles, les métaux, la roche …

Après avoir listé les deux types de ressources, on peut mettre en évidence que les non renouvelables ne sont pas indispensables à la vie, étant donné que l'on ne les utilisait quasiment pas il y a deux cents ans.

Une tablette, un téléphone, une console… est-ce-que c'est indispensable ?

Qu'est ce qui est indispensable ? La nourriture, le soleil, le vent, l'eau…

Notre dépendance à tous ces gadgets (qui peuvent s'avérer pratiques) nous dirige vers un monde dépendant aux énergies fossiles, alors que les ressources ne sont pas infinies.

Le pétrole, le charbon et le gaz, les énergies fossiles ont mis des millions d'années à se former.

Leur stock est épuisable et il faut de l'énergie pour les sortir du sol :

Il y a cinquante ans, avec un baril de pétrole on pouvait extraire du sol cinquante barils.

Aujourd'hui, avec un baril, on sort environ trois barils.

Le jour où il faut un baril pour extraire un baril… tout s'arrête.

Il faut de plus en plus de pétrole pour extraire le pétrole, car on creuse de plus en plus profond pour le trouver.
Combien de temps nous reste-il ?

Dans le monde, on utilise environ cent millions de barils par jour en moyenne (un baril = 159 litres de pétrole : une baignoire), donc des millions de piscines tous les jours !
Pour les petits, tenter de représenter ce qu'est un million de piscine.
Pour les plus grands, expliquer que les ressources non renouvelables ont une courbe de production en cloche.
D'abord les ressources augmentent, la fabrication de machines a permis de trouver plus de ressources. Ensuite, il arrive un moment où les ressources sont de plus en plus dures à trouver et enfin leur extraction devient de plus en plus chère et leur production diminue.

Nous avons consommé environ la moitié de toutes les ressources non-renouvelables existantes sur notre planète… et un jour prochain…
Nous serons dans l'obligation d'arrêter de produire des choses qui ne sont pas indispensables (téléphones, tablettes, trottinettes…).
Pour fabriquer des objets, on a besoin de pétrole et d'électricité, comme pour extraire des métaux, transporter des produits, transformer, recycler… on a besoin de pétrole.

Pourquoi est-ce qu'on n'a pas besoin de pétrole ?
Est-ce qu'on savait s'amuser avant l'arrivée du pétrole ?
C'est quoi pour vous « le bonheur » ?

Le bonheur ne dépend pas de ce qu'on possède, (pour les plus grands on peut parler d'hormones ; dopamine, adrénaline…), il y a beaucoup de façon de trouver du bonheur, jouer, pratiquer un sport, donner, partager, apprendre, construire…

Avec trois objets, je leur montre que l'on peut jongler avec n'importe quoi.
Découverte du matériel de jonglage

En examinant les différentes jongleries, définir ce qui est renouvelable et ce qui ne l'est pas, ce qui est durable et ce qui ne l'est pas.
Une assiette chinoise en plastique est presque incassable, elle est donc plus durable qu'une assiette en terre cuite, MAIS !!! Il ne faut pas manger dedans, sinon on mange du plastique.
Une partie de mon matériel à plus de vingt-cinq ans d'utilisation régulière, presque tout est réparable si on en prend soin, attention le soleil et la pluie abiment le plastique.

On peut fabriquer des jongleries avec du bois, du tissu, des résines… des matériaux renouvelables ou recyclés.
Les tablettes et téléphones sont fragiles et sont fabriqués avec des métaux rares et du plastique… matériaux non renouvelables.

Pourquoi tout le monde veut un téléphone ou une console ?
C'est le désir mimétique, la jalousie, le plaisir de gagner une partie, de jouer… de communiquer avec les copains.

Les écrans sont-ils bons pour notre santé ?
Les écrans et Internet sont des outils de communication incroyable ;
Ils nous relient de manière quasi-instantanée à des millions de gens. Internet est une source d'information gigantesque et les écrans sont un moyen de partage très efficace et lu-

dique. Cela nous permet de faire des choses nouvelles, des choses sur lesquelles nous n'avons pas beaucoup de recul.

Il est prouvé néanmoins que les écrans sont aussi très dangereux.

La surexposition aux écrans est un problème important pour la santé.

Pourquoi ?

Inactivité physique, manque de rapports sociaux réels, problèmes de concentration, diminution de la créativité, problèmes de vue…

Il y a cinquante ans, nous étions environ quatre milliards.

Aujourd'hui, nous sommes environ huit milliards, et presque tout le monde veut un téléphone.

En France, nous sommes 70 millions, en Europe presque 750 millions…

Un jour prochain, nous n'aurons plus assez de métaux rares pour fabriquer les outils numériques, le prix va augmenter encore et encore, donc mieux vaut en prendre soin et ne pas trop s'y attacher.

Solutions à la surconsommation :

Il existe la technique des 5R qui résume bien les solutions qui s'offrent à nous, des pistes essentielles pour un avenir durable :

Respecter - Réduire - Refuser - Réparer - Recycler

Respecter : Faire attention à ne pas casser ou abimer, nos objets sont précieux, il faut en prendre soin.

Nous avons de la chance de les avoir, il y a des pays où les enfants n'ont pas de jouets (et ils sont heureux quand même !)

Avec du respect, de l'attention on peut augmenter la durée de vie du matériel que l'on possède.

Réduire : Offrir moins de cadeaux matériels ou alors choisir de les fabriquer soi-même. Demander des choses immatérielles, une promenade, une activité, créer des souvenirs plutôt que d'accumuler des jouets, ou alors des jouets en bois, recyclés...
Prêter, partager, échanger...

Refuser : Dire non merci aux jouets en plastique, aux emballages, au superflu, créer de nouvelles habitudes, les commerçants s'habitueront aussi.
Les vendeurs ont fait des études en marketing, ils sont payés pour nous vendre des choses, et ils sont très forts pour nous convaincre d'acheter des trucs dont on n'a pas besoin.

Réparer : On peut réparer beaucoup de choses, c'est comme redonner de la vie à quelque chose. Parfois l'on croit que c'est foutu, pourtant on peut réparer.
Il y a des réparateurs pour beaucoup d'objets, c'est un métier d'avenir, et il existe des « repaircafé ». Pour lutter contre l'obsolescence programmée, il existe des industriels qui revendiquent le fait que leurs produits sont réparables, ils ont besoin de soutien (exemple « Fairphone »).

Recycler : Quand on ne peut pas réparer, on peut recycler, réutiliser pour faire autre chose, mais attention : le recyclage demande d'utiliser de l'énergie, du pétrole de l'électricité, donc c'est polluant de recycler.
Le meilleur déchet est celui qui est biodégradable (en papier, en carton non-traité ou en bois...)

Atelier 3
<u>Déchets et recyclage</u>
(Jeu de Coopération)

Les nouvelles consignes de tri sont de plus en plus simples. Je vous propose un atelier sur ce sujet, accompagné d'une introduction au zéro déchet.

Introduction :

Qu'est-ce qu'un déchet ?

Déchets organiques (alimentaires), déchets papier et cartons, conserves en aluminium, plastique (emballage, jouets...), les déchets industriels (invisibles au consommateurs) ...

Pour les grands, définir la notion d'énergie « grise » :

C'est l'énergie utilisée pour fabriquer, transporter, recycler un produit, c'est l'énergie que l'on ne voit pas.

Petit quizz sur la durée de vie d'un déchet, plus ou moins long en fonction du niveau.

Histoire :

Le plastique est arrivé il y a environ cent ans.

A cette époque, il y avait très peu de déchets, il n'y avait même pas de sacs poubelle avant 1950.

Avant il n'y avait pas de plastique partout. Les emballages étaient en papier, en carton, en bois, en verre, en aluminium comme les boites de conserves. Toutes les bouteilles et pots étaient en verre, ils étaient consignés et récupérés pour être lavés et réutilisés.

Il n'y avait que très peu de déchets et donc très peu de décharges.

Une décharge, appelée aussi centre d'enfouissement technique (c'est plus joli !) est un endroit où l'on entasse des montagnes d'ordures, tous les sacs poubelle noirs et tout ce qui n'est pas trié.

Depuis le début de la production de plastique vers 1920, chaque année on en utilise de plus en plus.
Nous avons fabriqué environ dix milliards de tonnes de déchets plastiques.
Etant donné que le plastique est issu du pétrole et que ce dernier n'est pas éternel, nous devrions nous préparer à un monde sans plastique.
Les bio plastiques sont une piste intéressante, mais pas encore au point. Dans tous les cas, leur production est polluante, alors qu'il existe des matières naturelles comme le tissu qui sont utilisées depuis des siècles.
Qu'est-ce que la vente en vrac ?

<u>Exercices :</u>
Explication de ce qu'est une tonne avec leur poids à eux, celui de toute la classe, comparaison par rapport à la population mondiale.

Explication des pourcentages à l'aide d'un camembert : sur dix milliards de tonnes :
79% ont été accumulés dans des décharges ou dans la nature
12% ont été incinérés (production de gaz toxiques)
 9 % ont été recyclés (consommation d'énergie et nouveaux déchets)

Sachant que la tour Eiffel fait environ 10 000 tonnes (pour 324 mètres) et que le métal est au moins deux fois plus lourd que le plastique… Comparez à la quantité de déchets stockée dans les décharges.

« D'après vous combien de tonnes finissent dans l'océan ? »
Chaque année, environ quinze millions de tonnes arrivent dans la mer et les océans !!
Combien de Tour Eiffel ?

Informations :
Il existe des îles de déchets tout autour de la planète appelés « gyres » ;
La plus grosse fait environ six fois la taille de la France, on l'appelle le 6ème ou le 7ème continent (en fonction de si l'on considère l'Antarctique, Pôle sud, comme un continent), il est situé entre l'Amérique et le Japon.
Les courants marins amènent les déchets flottants dans ces « vortex », créant une mer de plastique que les bateaux ne traversent plus.
Le plastique se dégrade dans l'eau, acidifie les océans et rend les conditions de vie sous-marines de plus en plus difficiles.
Alors que le phytoplancton capte plus de CO2 que tous les arbres.

Le plastique pollue de tous les côtés, de sa fabrication (extraction du pétrole, transformation, transport…) à son recyclage ou sa dégradation (transport, re-transformation, re-transport, décharge, micro-plastique…).
Très peu de bouteilles en plastique sont fabriquée à partir de plastique recyclé.
Les vêtement synthétiques, polyester, acrylique, sont fabriqués à partir de plastique. Ils perdent beaucoup de micro-particules de plastique à chaque lavage, ces particules se retrouvent dans les océans, puis dans notre assiette.

Depuis quelques années, il y a du plastique dans ce que l'on mange, dans l'air que l'on respire et même dans la pluie, nous en avalerions environ dix grammes par semaine, l'équivalent d'un bonhomme LEGO.

Selon la WWF, la quantité de plastique dans les océans pourrait doubler en 2030.

On en retrouve au plus profond des océans, comme sur les plus hautes montagnes.

Dessiner le Cycle de l'eau

Bonnes nouvelles :
- On peut se passer du plastique en utilisant des sacs en tissu, du carton, des pots réutilisables… des alternatives existent.
- Il y a des gens qui inventent et fabriquent un tas de choses avec du plastique recyclé.
  Par exemple des maisons en bouteilles remplies de sable ou de terre qui sont empilées un peu comme des briques. Des murs végétaux, les bouteilles sont coupées à la base, remplies de terre et accrochées à des murs avec une plante à l'intérieur et un système d'arrosage…
- Il est possible de transformer du plastique en pétrole (mais cela consomme beaucoup d'énergie et le pétrole pollue aussi).
- De plus en plus de plastiques sont recyclés, certains pays approchent les cent pour cent de recyclage.
  Mais le recyclage est polluant, le mieux est de ne pas acheter de plastique. Il existe la technique Zéro-Déchet, et Zéro-Gaspillage

Exemple de solutions :
- Manger des fruits, sans emballage (plus de vitamines et moins de sucre).
- Utiliser du savon solide (sans huile de palme c'est mieux) au lieu du gel douche.

- Acheter des produits en vrac ou ceux où il y a le moins d'emballage possible, surtout les alvéoles et barquettes plastiques qui nécessitent beaucoup plus de plastique que ce que l'on peut voir.
- Choisir des jeux ou des jouets différents, sans plastique, des jeux durables, biodégradables… ou des activités, des bons moments.
- Se rendre compte à quel point nos objets sont précieux et en prendre soin pour qu'ils durent le plus longtemps possible.
- Manger de la confiture avec le pain plutôt que du chocolat ou des biscuits sucrés (recette de la confiture en annexe)
- Il faut du temps pour arriver au zéro déchet ! Le temps de changer toutes nos mauvaises habitudes… En attendant recyclons !

Le jeu de coopération:
Pour illustrer mes propos, je ramène une quinzaine de déchets classiques pour faire un jeu de tri.

Faire un parcours en déplaçant les tables, les chaises et mettre quatre poubelles au bout.
Par équipe de deux ou tous ensemble, mettre un bandeau sur les yeux d'un enfant (ou un masque opaque), le faire tourner trois fois sur lui-même pour le désorienter, les élèves doivent le guider avec des indications jusqu'à la bonne poubelle, pas de chrono, ni de compétition. Il faudra passer sous une table, enjamber des chaises… en fonction du niveau.

Ce jeu a pour but de favoriser l'écoute, la confiance, le respect des consignes de tri et la conscience du problème des déchets.
On peut changer les règles en cours, l'idée étant de leur faire prendre conscience au milieu du jeu, qu'il est préférable de

désigner un seul élève (qui connait bien sa droite et sa gauche si possible) pour guider celui qui à les yeux bandés.

Distribution d'un polycopié avec quelques recettes pour fabriquer des produits ménagers et cosmétiques ainsi que quelques adresses de vendeurs en vrac pourquoi pas…

Atelier 4
<u>Construction écologique</u>
(Sculpture)

La construction est une grande source de pollution.

Pour construire, il faut couper des arbres, il faut fabriquer du béton, des produits chimiques, ensuite il faut mettre le chauffage, l'eau l'électricité… Nous sommes de plus en plus nombreux sur Terre, il faut donc construire des maisons pour loger les gens.

Les maisons s'abiment avec le temps, donc il faut les refaire.

Il y a plusieurs façons de construire :

Il y a cent ans, presque toutes les maisons étaient respectueuses de l'environnement ; elles étaient fabriquées en terre, en bois ou en pierre… Beaucoup de ces maisons sont encore en état ou réparables.

Depuis que l'on a trouvé des moyens plus rapides de construire, avec du fer et du béton, nous construisons très vite, partout, des maisons pas toujours bien isolées ni bien exposées, et la nature disparait doucement.

Le fer il faut aller le chercher dans des mines. Pour cela, il faut des grosses machines pour briser la roche, puis il faut faire le tri entre fer et roche, après il faut le faire fondre pour ensuite lui donner la forme que l'on veut.

Le béton se fabrique avec de la roche calcaire, du sable et des cailloux, on fait chauffer les gros cailloux blancs et on les casse pour en faire de la poudre. Il faut donc des grosses machines pour transporter les cailloux et pour les casser. Il faut beaucoup de chaleur pour les faire cuire… Certaines usines brûlent des pneus pour chauffer les fours et le sable vient de nos plages et nos rivières.

Encore aujourd'hui, on fabrique des maisons en pierre, en bois ou en terre qui sont éco-responsables (c'est à dire qui pollue le moins possible), pour ça il y a plusieurs techniques :

La maison en pierres : Avec des pierres taillées ou des gros cailloux que l'on superpose en quinconces, on peut ériger un mur. On peut mettre du mortier de ciment ou de chaux pour coller les pierres entre elles, ou alors on peut juste mettre de la terre pour boucher les trous, avec la terre c'est plus long et un peu plus fragile mais écologique.

Application : Avec un tas de petits cailloux, tenter de construire une mini-murette stable… sans mortier, ce n'est pas facile.

On se rend très vite compte que le montage en quinconce est indispensable pour une construction stable.

Définition du « coup de sabre » : quand les pierres, briques ou parpaings sont posés en colonne au milieu d'un mur, de chaque côté se trouve un coup de sabre, comme une faille verticale, un défaut de fabrication.

La maison en bois : De toutes les tailles, les maisons en bois sont en tout point écologiques quand le bois est issu de forêts maîtrisées.

Le bois stocke du CO2 alors que le béton en produit beaucoup.

C'est un très bon moyen de stocker du carbone à l'état solide, bien entretenue une maison en bois dure elle aussi très longtemps.

La maison en terre : Il existe plusieurs techniques en fonction de la terre que l'on a sur le terrain :

Le pisé : Avec n'importe quelle terre, on fait des murs de terre tassée très larges grâce à des planches en bois, on tasse la terre entre deux petits murs de planches (un coffrage ou banchage) et on monte à la hauteur que l'on veut en laissant de la place pour les portes, fenêtres et les poutres qui vont tenir le toit. On retire les planches et on recouvre les murs en terre de chaux pour éviter que la pluie abime le mur.

Le torchis : Avec le la terre argileuse humide mélangée à de la paille, on peut fabriquer une pâte qui se colle sur des morceaux de bois calés entre des poutres verticales… technique très courante dans le nord de la France.

La terre-paille : Comme pour le torchis, on utilise une structure en bois, avec des ballots de paille entre les poutres verticales et de l'argile par-dessus, à l'intérieur et à l'extérieur.

Enfin, il existe une technique qui s'appelle les **briques de terre crue,** que nous allons mettre en œuvre pour construire une petite maison miniature.
Cette technique ancestrale encore beaucoup utilisée dans les pays pauvres est probablement la technique la moins onéreuse et la plus écologique.

<u>**Application :**</u>
Pour faire une brique, il faut une terre argileuse.
Il y a de l'argile dans presque toutes les terres, plus ou moins en grande quantité, cela dépend du sous-sol du terrain, de la région… et on peut le récupérer :

Toutes les étapes peuvent être réalisées le même jour avec de la préparation en amont. Il faudra de l'argile prêt à l'emploi et de la terre brut (n'importe laquelle) pour expliquer comment les séparer.

1ère étape : Séparer l'argile du limon et du sable pour l'exemple.
Pour cela, il faut mélanger énergiquement la terre brut avec de l'eau dans un bocal, la filtrer (dans un deuxième bocal) à l'aide d'une passoire très fine ou un tamis pour enlever le sable, les cailloux et les matières organiques. Puis il faut laisser reposer au moins une demi-heure pour observer que le sable fin qui reste va au fond du bocal, l'argile se met par dessus et l'eau peut-être versée délicatement pour attraper l'argile avec une cuillère et le mettre à sécher.

Ou alors on peut le faire à sec, briser la terre en poudre et la tamiser pour récupérer l'argile qui est plus fin que le sable puis ajouter l'eau. C'est plus simple mais l'argile sera moins pure car il y aura du sable avec, donc il sera plus friable.

2ème étape : Avec l'argile déjà filtré ou acheté prêt à l'emploi, former des briques à la main (donc inégales et inutilisables), une brique par élève.
Ensuite avec un rouleau on fait une galette et avec un couteau et une règle on découpe des briques, toutes de la même taille, sans oublier des demi-briques pour les portes et fenêtres. Les faire sécher (dans l'idéal mais nous n'aurons pas le temps), puis les empiler en quinconce pour faire un mur, on les colle avec un pinceau et de l'argile liquide plus ou moins visqueux appelé « barbotine ».

On peut séparer la classe en plusieurs groupes, la préparation de l'argile, la construction en pierre, la construction en terre crue, et la sculpture en argile « modelage ».

Pour inciter les enfants à utiliser l'argile plutôt que de la pâte à modeler, leur expliquer les avantages de cette matière naturelle.

En séchant, la pâte à modeler devient friable et inutilisable, tandis que l'argile est réutilisable à l'infini (si on ne la cuit pas) et réparable.

L'argile permet de faire des bols, des assiettes, des vases ou des sculptures plutôt solides.

La cuisson demande un four de potier et beaucoup d'énergie. Avant de faire cuire un objet, il faut qu'il soit sec, sans bulle d'air, sans faille, lisse… il y a beaucoup de choses à savoir et beaucoup d'entrainement nécessaire avant de faire cuire donc pour ne pas gaspiller d'énergie on laisse la sculpture crue plutôt que de faire cuire quelque chose qui ne tiendrait pas la cuisson.

Il existe des fours à bois à l'ancienne, mais la température doit impérativement dépasser mille degrés, monter et descendre progressivement pour un résultat optimal.

Pour faire une sculpture, il faut aussi de la patience et un peu de dextérité, c'est un art qui comme les autres encourage à développer ces mêmes qualités. Les outils sont en bois pour la plupart, on peut utiliser de simples morceaux de bois et les tailler à la main.

On utilise la barbotine à l'aide d'un pinceau pour lisser, coller et réparer la sculpture. Mais aussi pour enduire les murs de la maison, boucher les éventuels trous dus à la taille approximative des briques.

Le nettoyage sera fait avec les enfants, il fait partie de l'atelier.

Respecter le matériel est important pour optimiser sa durée de vie.

La chose à retenir, c'est qu'il y a beaucoup de façons de construire en polluant moins, laisse béton le béton.
Il existe un tas d'anciennes techniques, de nouvelles, des maisons en matériaux de récupération, aux yourtes, en passant par les tinyhouses...

Habiter la Terre est un art.

Atelier 5
<u>Le réchauffement climatique</u>
(Ecriture)

Qu'est-ce que le réchauffement climatique?
Pour simplifier au maximum, on parle de milliards de moteurs qui chauffent, ou de la chaleur produite par l'activitée humaine (produite par la combustion d'une ressource) que les océans et les arbres absorbent à hauteur d'environ 50 %. On produit plus de chaleur que la nature ne peut absorber, et elle s'accumule donc années après années.

Pour les plus grands, il faut définir l'effet de serre naturel et les gaz qui le favorisent. L'atmosphère est comme une bulle qui laisse passer les rayons du soleil, une partie des rayons son réfléchis et ressortent. Mais elle est aussi comme une couverture qui garde la chaleur à l'intérieur. Certains gaz, déjà présents dans la nature, sont comme des plumes que l'on ajoute dans la couverture, plus il y a de plumes, plus on a chaud. Expliquer le principe de la serre du jardin dans laquelle il fait plus chaud qu'à l'extérieur.

Cette "serre" qui entoure la planète maintient une température moyenne de 15°C à la surface de la Terre.
Durant la dernière aire glacière, il y a 10 000 ans, la moyenne était de 10°C, donc 5°C de moins qu'aujourd'hui. Si nous continuons à polluer comme nous le faisons, de plus en plus chaque année, le réchauffement pourrait nous amener à 22C° en 2100. Pour éviter cela nous devons arrêter de polluer… et vite.

On peut donc dire que l'effet de serre est naturel, mais les scientifiques ont remarqué que depuis environ 1950 nous produisons plus de gaz que ce que la nature peut absorber.

Faire un graphique de l'évolution des températures moyennes depuis 20 000 ans, ensuite depuis 150 ans et les projections pour 2100 selon les spécialistes du climat.

Les causes du réchauffement

a. Quelles sont les causes naturelles?

L'orbite de la Terre évolue. Son axe de rotation n'a pas toujours la même inclinaison. La distance entre la Terre et le Soleil varie. L'activité solaire, les courants marins, les éruptions volcaniques font varier la température mais la quasi totalité des scientifiques s'accordent à dire que c'est la production de gaz à effet de serre (GES) des humains qui est responsable du réchauffement qui menace la vie sur Terre.

- Le gaz à effet de serre le plus connu est le **gaz carbonique** (CO_2), puis viens le méthane (CH_4) et les autres.

Il sont produits naturellement par tous les êtres vivants lors de la respiration, par la décomposition du bois dans les forêts, par les éruptions volcaniques, les marécages, les sources d'eau chaude… Contre cela nous ne pouvons pas faire grand chose.

b. Quelles sont les causes humaines

Les enfants peuvent répondre à cette question, il est important de mettre leurs réponses d'un côté du tableau.

Depuis le XIXe siècle, nous avons développé notre industrie, nous consommons de plus en plus de tout. Les usines sont de plus en plus nombreuses, elles utilisent de plus en plus d'énergie (Electricité, charbon et pétrole) chaque année.

Nous avons aussi inventé les voitures, avions et bateaux qui brûlent du pétrole dans leurs moteurs. Comme nous sommes de plus en plus nombreux, il y a de plus en plus de transports…

- La majorité de notre **CO2** vient de la combustion des énergies fossiles

- **Le méthane** est produit par la décomposition et la digestion des végétaux par les animaux. C'est un gaz à effet de serre en plus petite quantité que le CO2, mais environ 25 fois plus dangereux équivalent CO2.

- Les **5 autres** : Protoxyde d'Azote, Hydrofluorocarbure, Hydrocarbures Perfluorés, Trifluorure d'Azote, Hexafluorure de Soufre sont encore en plus petite quantité mais il ne faut pas les oublier car certains sont jusqu'à 24 000 fois plus dangereux en équivalent CO2.

Le calcul de quel gaz est le plus dangereux est complexe, ils sont tous importants.

Il existe plusieurs moyens de limiter notre production de GES (Gaz à Effet de Serre), par nos choix de consommation, nos modes de transports ou par le choix de notre métier.

Quoi qu'il en soit nous devons atteindre la neutralité carbone avant 2050, qu'est ce que ça veut dire?

Ne pas produire plus de gaz que ce que la nature peut absorber. Avec plus d'ambition, nous pourrions imaginer capter plus de CO2 que ce que l'on émet.

L'avenir dépend de chacun de nous, toutes nos actions ont un impact sur l'avenir, il existe des solutions durables, et beaucoup de choses à faire pour améliorer notre monde. Donc plein de belles opportunités, de renouveau, de changement positif.

Dans le scénario le plus dramatique, plus sept degrés en moyenne en 2100: il fera jusqu'à quinze degrés de plus au niveau de l'équateur (ce qui est invivable) et 2° de plus en plus en mer, car l'eau met plus longtemps à se réchauffer que l'air.

Pour être plus précis, il est plus juste de parler de dérèglement climatique, car il fera très souvent plus chaud en été et parfois plus froid en hiver. Les conséquences seront principalement des sécheresses plus importantes, des inondations, des cyclones, donc des pertes de récoltes, des maladies et des guerres.

Après un constat anxiogène il est bon de rappeler que nous avons toutes les solutions pour éviter le pire, avec enthousiasme.

Ensuite, faire émerger les solutions des élèves et les inscrire de l'autre côté du tableau.
Comment changer notre société pour être en harmonie avec la nature?

L'important est de comprendre que **les habitants des pays les plus riches** dont nous faisons partie **produisent la majorité des émissions**. Nous serons bientôt 8 milliards, plus d'1 milliards de personnes n'ont même pas accès à l'électricité, arrêter de polluer sera plus dur pour certains.
L'état de la planète est lié à nos choix de société, entre 1820 et 2007 la population à été multipliée par 6,6 et les émissions de gaz à effet de serre par 650.
Pourtant les pays développés ne sont pas les pays les plus heureux.

Il est possible d'envoyer des courriers à des gens qui ont de l'influence, (youtubers, célébrités, patrons d'entreprises, responsables politiques…) pour cela il est important de savoir écrire une lettre convaincante grâce à **l'art de la réthorique.**

Exercice pratique:

La réthorique est un art et même une science communément appelé l'art du « bien-parler ». C'est la manière de parler avec force et éloquence.

Il existe plusieurs technique pour élaborer une belle lettre, par exemple: le fait de faire une introduction marquante en utilisant un lien commun, une histoire drôle, une phrase choquante ou une belle citation pour séduire le lecteur et donner envie de lire jusqu'au bout.

Prendre en compte la complexité du réel, utiliser des métaphores, être sincère, utiliser les biais cognitifs, finir sur une note positive… Nous verrons comment susciter l'émotion, utiliser les formules de politesses, les figures de style comme la métaphore en écrivant une lettre au président.

« Notre maison brûle, et nous regardons ailleurs » Jaques Chirac - 2002

Nous sommes tous importants

Atelier 6
Agir pour l'avenir
(Théâtre)

Peut-on sauver la planète ?
Chose importante à savoir c'est que la planète va très bien, **c'est l'humanité qui est en danger !**

L'Univers à 13,8 milliards d'année, la planète Terre a 4,6 milliards.
Les dinosaures ont vécu il y a environ 250 millions d'années.
L'Homo sapiens (qui signifie " homme sage " !) existe depuis environ 200 000 ans.
Ecrire les chiffres l'un au-dessus de l'autre pour marquer la différence.
Si la planète avait quarante-six ans, l'Univers aurait 138 ans, les dinosaures auraient disparut il y a 2 ans et demi, les hommes seraient là depuis dix-huit jours. On aurait découvert le feu il y a trois jours, inventé l'agriculture il y a quarante minutes (- 8000), l'argent il y a quinze minutes (- 3300), la voiture ça fait trente secondes (1884), et dans les vingt dernières secondes, on a tout pollué.

Si on continue sur cette voie ? On est capable de détruire la nature dans les vingt prochaines secondes (cent ans).
Nous ne laisserons pas arriver cette catastrophe, et c'est pour cela que **beaucoup de choses vont changer dans les prochaines années.**

Selon de nombreux scientifiques, nous savions en 1970 que le réchauffement commencerait aux alentours de 2010, nous savions que nous allions polluer et nous l'avons fait... pourquoi ?

Parce qu'on en a le droit. Nous avons le droit de détruire la nature.

Jusqu'à présent, la justice accordait peu d'importance à la protection de la nature. Mais bonne nouvelle, grâce à « l'affaire du siècle » (des associations ont porté plainte contre le gouvernement pour inaction climatique), la justice vient de condamner l'Etat à verser un euro symbolique à ces Associations. Youpi ! Un euro ! Une affaire qui sera très probablement enseignée dans les livres d'histoire. C'est de l'ironie.

Qui est responsable ? Tout le monde ! Nous sommes tous plus ou moins responsables. Responsable de notre production de déchets, de notre consommation d'énergie… Nous sommes responsables de chacun de nos actes, **chaque geste est important, chaque euro dépensé est un vote**.

Un jour, j'ai réalisé la montagne de déchets et de CO_2 dont j'étais responsable, et je me suis rendu compte que j'étais important pour l'environnement.

J'aime aborder le concept du « triangle de Karpman » avec les plus grands. Nous adoptons tous, selon les situations, et tour à tour, les rôles de sauveur, de victime et de bourreau. Le rôle du sauveur est le plus confortable, c'est celui qui devrait prédominer.

On ne devient pas Zéro-Déchet ou Zéro-Carbone du jour au lendemain, mais il est important de faire de son mieux, d'être conscient et respectueux de l'environnement, et de polluer le moins possible.

Nous sommes tous liés les uns aux autres, nous avons tous de l'influence sur nos voisins, notre famille… Nous devrions agir.

Préserver la nature est logique, nous avons besoin d'elle. Notre avenir dépend de nos actions et de nos décisions individuelles et collectives.

Petite blague : *Deux planètes se croisent. La première dit à l'autre :*

« Oh, ça faisait longtemps qu'on ne s'était pas vues, au moins un million d'années ! Tu vas bien ? »
L'autre lui répond :
« Ouais bof, j'ai de la température en ce moment, j'ai des humains… » … « Oh mince ! C'est ballot ! Mais ne t'inquiète pas, ça ne durera pas longtemps ! ».

Connaissez-vous des blagues ?
Les dinosaures ont disparu à cause d'une météorite.
Ils ont vécu environ 180 millions d'années et ont disparu sans être responsables de leur extinction.
Les hommes qui sont là depuis à peine 200 000 ans, sont en train de changer le climat par leurs activités.

La température moyenne prévue pour 2100 selon les experts sera comprise entre +2°C et +7°C, ce qui engendrera des sécheresses plus longues, moins d'eau, moins de nourriture…
Nous ne savons pas de façon précise comment la nature va réagir, tout est encore possible. Ce qui est sûr, c'est que des milliards de vies sont menacées.

…

Pour les plus grands, on peut faire un parallèle avec le film « Avengers - Endgame » dans lequel le méchant a fait disparaître la moitié des habitants de la planète pour que l'autre moitié puisse survivre et prospérer dans le « confort ». Les gentils gagnent et tout le monde revient…

Voulez-vous devenir des super-héros ? des héros, peut-être ? des mini-héros ? Voulez-vous changer ce monde qui va mal ?

Comment faire à notre échelle ???
Laisser des réponses émerger puis donner des exemples.

La protection de l'environnement devrait être cool ! Ça peut même devenir un jeu, celui qui fera le moins de CO2 ! Quand on s'amuse, quand on est de bonne humeur, on partage plus facilement, on est plus efficace, on est contagieux.

Certaines personnes n'ont pas envie de sauver le monde ! Pourquoi ?
Les gens qui ne respectent pas l'environnement sont souvent des gens en colère, tristes ou mal-informés. D'autres s'en moquent. Ils ne veulent pas croire qu'ils sont importants.

L'environnement est le reflet de ce qui se passe dans le monde, les gens sont tristes alors ils se laissent aller à faire n'importe quoi pour qu'on les remarque pour attirer l'attention et que l'on s'occupe d'eux.
Beaucoup de gens sont mal-informés, par exemple certains pensent que le tri ne sert à rien. Le tri n'est pas parfait (énergivore et polluant), mais il est indispensable.

Parfois les gens sont en colère et ils se vengent sur du matériel pour exprimer leur émotion, en cassant quelque chose par exemple.
En faisant cela, on ne fait rien d'intéressant, on perd le contrôle de ses émotions, on doit maintenant réparer ou ré-acheter ce qu'on a cassé, c'est ridicule.

Se changer soi-même c'est plutôt simple, mais changer les autres est plus compliqué. On a tous le pouvoir de changer les choses par notre consommation, en montrant l'exemple et par le dialogue. On peut calmer la colère, apaiser la tristesse des autres, informer les consommateurs des conséquences de leurs choix, tous ces choix que l'on fait ont un impact sur la nature.

L'humanité doit devenir plus sage, elle doit « grandir » et prospérer en harmonie avec la nature. Les sciences et l'observation de la nature nous prouvent que **la coopération est plus efficace que la compétition.**

Connaissez-vous Greta Tunberg ?
Elle a marqué l'histoire à l'âge de seize ans en accusant nos responsables politiques d'inaction. Son discours est très convaincant car elle utilise l'art de la rhétorique.

Elle est accompagnée par ses parents pour rencontrer les personnes influentes de ce monde. Elle est jeune, mais elle utilise tout ce qu'elle a pour se faire entendre. Vous pouvez vous aussi vous faire entendre, de différentes manières…
La France a de l'influence sur le monde… donc vous avez le pouvoir de changer le monde, chacun d'entre nous a ce pouvoir.

Leur expliquer comment devenir convaincant, par l'entraînement, l'art de la rhétorique, parler clairement à « haute et intelligible voix », avec un langage corporel, avec des images, des métaphores et autres figures de style.

Par le théâtre, plusieurs solutions :
A l'aide des éléments ci-dessus, faire un débat avec un climato-sceptique imaginaire (l'animateur), créer une petite pièce de théâtre ou encore faire une vidéo avec du sens…

Il est possible de faire une petite vidéo informative, un reportage… si on obtient l'accord de chaque parent pour la diffusion.
La vidéo est une source de pollution, on expliquera l'impact carbone de la mise en ligne de vidéo qui représente quatre pour cent de nos émissions totales soit plus que les avions.

Cette pollution augmente chaque année pour stocker toutes les vidéos mises en ligne.
Une solution serait d'abandonner le streaming, de partager les vidéos par clés USB.
Les vidéos en rapport avec la protection de la nature étant inférieures à un pour cent, on pollue dans le but de moins polluer donc c'est acceptable.

Pour changer les choses, il faut parfois polluer un petit peu… mais avec bienveillance.

…

Discours de Greta Tunberg à New York, à lire, avec conviction bien sûr. A tour de rôle entre l'animateur-ice, les élèves qui le souhaitent, la-le professeur, pour rendre le discours dynamique. Devant la classe :

« Sommet pour le climat de l'ONU » le 23/07/2019
La jeune fille a traversé l'océan en bateau à voile pour montrer qu'il est possible de se déplacer sans avion.

« Ce n'est pas normal. Je ne devrais pas être ici. Je devrais être en classe de l'autre côté de l'océan. Et pourtant vous venez tous nous demander d'espérer à nous les jeunes. Comment osez-vous ?

Vous avez volé mes rêves et ma jeunesse avec vos mots creux.
Et encore, je fais partie des plus chanceux !

Des gens souffrent, des gens meurent, et des écosystèmes s'écroulent. Nous sommes au début d'une extinction de masse, et tout ce dont vous parlez c'est d'argent, et de contes de fées racontant une croissance économique éternelle. Comment osez-vous ?
Depuis plus de 30 ans, la science est parfaitement claire.
Comment osez-vous encore regarder ailleurs ?

Vous venez ici pour dire que vous faites assez, alors que les politiques et les actions nécessaires sont inexistantes.
Vous dites que vous nous entendez et que vous savez que c'est urgent, mais peu importe que je sois triste ou énervée, je ne veux pas y croire.
Car si vous comprenez vraiment la situation, tout en continuant d'échouer, c'est que vous êtes mauvais, et ça je refuse de le penser.

L'idée commune qui consiste à réduire nos émissions de moitié dans dix ans ne nous donne que **50% de chances** de rester en dessous des 1,5° de réchauffement, et du risque d'entraîner des réactions en chaîne irréversibles et incontrôlables. 50%, c'est peut-être acceptable à vos yeux, mais ce nombre ne comprend ni les moments de bascule, ni les réactions en chaîne, ni le réchauffement supplémentaire caché par la pollution toxique de l'air ou les notions d'égalité et de justice climatique.

Ces chiffres reposent aussi sur l'idée que ma génération réussira à absorber des centaines de milliards de tonnes de CO2, avec des technologies encore balbutiantes. Donc 50% de risque de rester en dessous des 1.5° de hausse des températures, ce n'est pas acceptable pour nous, qui devrons vivre avec les conséquences.

Comment pouvez-vous prétendre que ceci peut être résolu en faisant comme d'habitude, avec quelques solutions techniques ?

Avec les niveaux d'émissions actuels, le budget CO_2 aura entièrement disparu en moins de huit ans et demi. Aucune solution, aucun plan ne sera présenté pour résoudre ce problème ici, car ces chiffres dérangent, et que vous n'êtes pas assez matures pour dire la vérité.

Vous nous laissez tomber. Mais les jeunes commencent à voir votre trahison. Les yeux de toutes les générations futures sont tournés vers vous. Et si vous décidez de nous laisser tomber, je vous le dis : nous ne vous pardonnerons jamais ! Nous ne vous laisserons pas vous en sortir. Nous mettons une limite, ici et maintenant : le monde se réveille et le changement arrive, que cela vous plaise ou non. Merci ! »

...

Le théâtre permet de dire tout haut ce que les gens pensent tout bas, il permet d'oser dire, d'oser s'adresser à n'importe qui, le président, un roi, une princesse, à Dieu même pourquoi pas ! On apprend à apprécier le trac, à en rire. Cela permet de gagner confiance en soi.

On n'ose pas s'adresser à certaines personnes, par peur de je ne sais quoi, on devrait apprendre à être capables de s'adresser à tout le monde.

Un enfant doit pouvoir demander à son président : « Pourquoi on continue à voir des publicités pour des choses qui polluent beaucoup ? Vous ne regardez pas la télé ? »

Il y a mille et une façons de parler de l'environnement, beaucoup d'artistes défendent la nature et sa beauté, et l'ennemi est bien le béton et l'acier. Nous sommes trop gourmands.

Voici une pièce de théatre écrite avec la participation des enfants :

Nous... Les Humains

Adaptation de l'œuvre de Bernard Werber - Nos amis les terriens
(Film déconseillé aux moins de 12 ans)

Scène 1

Présentateur : Un vaisseau extraterrestre qui a traversé plusieurs années lumières s'approche de notre galaxie à nous : la voie lactée. Il vient nous observer… nous les humains.

Un vaisseau spatial traverse la scène, s'arrête, et le conducteur observe les spectateurs.
Une voix bizarre se fait entendre.

Narrateur (voix off trafiquée) :
« Tout d'abord… les terriens ne savent pas voler comme nous, ils n'ont pas encore inventé les ailes personnelles, ils utilisent encore beaucoup la roue. »

Un humain essaye de battre des ailes sans succès. Il tombe, un autre avec une trottinette passe dans l'autre sens et se moque de lui.
Narrateur :
« Les êtres humains… sont-ils intelligents ? »

Scène 2

Mamie :
« Bonjour jeune fille, vous êtes bien petite pour faire la manche !!
Tenez ! »

Elle lui donne une pièce sortie de son portefeuille et reprend son chemin.
Un coureur la frôle et la bouscule.

Coureur :
« Attention ! Pardon ! »

La vieille dame tombe. Le coureur se retourne sans s'arrêter, ralenti et s'en va.
La guitariste se lève pour l'aider et une passante au téléphone s'arrête devant eux.

Passante :
« Hey ! Vous pourriez faire attention ! Ah, c'est n'importe quoi, les sportifs, ils sont vraiment stupides… »

La passante continue son chemin sans aider la mamie. La guitariste peine à aider la petite vielle, alors le pizzaiolo sort de son camion pour lui donner un coup de main !
Pizzaiolo :
« Ah ben bravo !!! Pour critiquer il y a du monde, mais pour aider, n'y a plus personne ! »

Narrateur :
« L'humain n'a pas encore bien saisi le concept de solidarité mais il apprend vite, on peut dire que l'humanité passe le cap de l'adolescence.

Scène 3

Le vaisseau repasse, s'arrête une dizaine de secondes et repart.

Narrateur :
« Certains enfants mettent plus d'une heure à pied pour aller à l'école seuls, au péril de leur vie… »

Un enfant avec un sac à dos court vite, poursuivi par un animal féroce. Puis ils ressortent.
Le vaisseau refait un passage, une grimace

Narrateur :
« Et à d'autres endroits, les enfants ne respectent même pas leurs professeurs… »

Dans une salle de classe bruyante :

La Maîtresse :
« Bon ! Ça suffit les enfant ! Ecoutez ! »

Elève 1 :
« Poil aux nez ! »

La Maîtresse :
« Non mais, vous vous croyez où ? »

Elève 2 :
« Poil aux genoux »

La Maîtresse :
« Bon ! Mélisse !!! Au tableau ! »

Elève 2 :
« Poil aux cuisses »

Elève 3 :
« Non, poil au dos ! »

Mélisse s'avance.

La Maîtresse : *Très en colère, elle ne sait plus quoi dire. Elle s'effondre, elle pleure…   Se ressaisit, puis dit :*

« Pffff !!!!!   Mélisse… s'il te plait… Qu'est-ce qu'un triangle isocèle ? »

Mélisse :
« Alors le triangle isocèle, c'est un triangle qui a ….
       Elle hésite…

Elève 1 :
« Du poil aux aisselles !!! »

La Maîtresse :
« Mais ce n'est pas possible, j'en peux plus !!! »

       Tous les élèves éclatent de rire

Elève 2 :
« POILU !!! »

Scène 4

       Le vaisseau repasse dans le même sens, reste immobile un moment, le pilote a l'air suspicieux.

Narrateur :
« Les humains sont aussi très violents, ils se font encore la guerre. »

Le Colonel *Suivi par ses soldat* :
« Droite, gauche, droite, gauche… »

       *L'un d'eux tient une grenade dans sa main et joue avec. Ils traversent tous une fois la scène et au deuxième passage, le soldat à la grenade n'est plus là ;
Au troisième passage ? il arrive en courant et demande…*

Soldat 1 :
« Chef, chef !!! Il est où l'extincteur ? »

Le colonel : Dans la caserne, pourquoi ?

Soldat 1 :
« Ben ! J'étais en train de jouer avec une grenade et puis elle est tombée…
et la goupille est restée accrochée à mon doigt »

Le soldat repart en courant vers la caserne mais le colonel l'interpelle et il revient.

Le Colonel :
« Quoi !!??? »
Soldat 1 :
« Et la caserne … *il hésite…* elle a brulé ! »

Le colonel :
« Soldats !!! Garde à vous !!! »
Ils se dressent…
« Vous vous croyez où ? L'armée, c'est pas la récré ! Vous croyez que la guerre est un jeu ? Vous croyez qu'on peut jouer avec des armes ? »

Soldat 2 :
« Chef ! A la maison ? tout le monde joue à la guerre sur le téléphone ! »

Le colonel :
« Et bien ici, on n'est pas à la maison !! Ici, c'est sérieux !
Si le Président te dit d'aller attaquer, tu attaques ! »

Soldat 2 :
« Ah d'accord ! Chef ! » *… il hésite…*
« Et Chef…Le Président, il vient avec nous ? »

Le colonel :
« Mais non ! Le Président ? il reste chez lui… avec son téléphone…
Et il nous dit ce qu'il faut faire. »

Les soldats tous ensembles :
« Chef, oui chef ! »

Le colonel :

« Demi-tour droite ! Gauche, droite, gauche, droite… »

Scène 5

*Le vaisseau repasse dans le même sens, s'arrête et tire
avec un laser hypnotique sur un humain au hasard.
L'humain se lève comme un somnambule et monte sur la scène.*

Le Narrateur :
« Nous avons décidé d'attraper des humains pour voir comment
ils se comportent en captivité. »

*L, humain se couche, endormi, au milieu de la scène.
Quand il se réveille, il a peur, il est enfermé derrière des vitres. Il
frappe à la vitre et appelle au secours…*

Humain 1 :
« A l'aide, au secours, j'ai rien fait !!!! »
Il essaye un autre coté, mais il est coincé.
« Heyyyy ! »
« Hoooo, s'il vous plait » *un bruit sourd …*
« *Hey*, j'entends du bruit ! Sortez-moi de là ! Hey ! »
Tape du pied…

Le Narrateur :
« L'humain s'agite ; mais ne se pose pas de question, ne se demande pas pourquoi il est là… »

Humaine 1 :
« Allez !!! C'est pas drôle ! J'ai faim, j'ai froid ! S'il vous plait !! »
Il se met à pleurer.

Un deuxième humain est jeté dans la cage :

Humain 2 :
« Ahhhhhhh ! »

Humaine 1 :
« Ahhhhhhhhhhhhh ! »

Humain 2 :
« C'est quoi cet endroit !? »

Humaine 1 :
« T'es qui ? C'est toi qui m'as mise là ? T'es qui ? »

Humain 2 :
« OOOHHH ! Ça va ! On se calme ! Je sais pas ce qui se passe !
Je ne sais pas où je suis, je me rappelle plus, et toi t'es qui ? »

Humaine 1 :
« Ça ne te regarde pas ! »

Une télécommande atterrit dans la cage, ils se battent gentiment pour l'avoir pendant   quelques instants. L'humain 2 s'impose et l'humain 1 boude.
Humain 3 est jeté sur scène :

Humain 3 :
« AAAAhhhhahahh ! »

Humain 2 :
« AAAAAhhhhhhh ! »

Humain 1 :
« AhhhAAhhhhhhhhh ! »

L'humain 3 observe sa cage avec ses mains, puis improvise autour de la télécommande qui ne sert à rien.

Humain 2 :
« Elle ne sert à rien voilà ! »

Humaine 3 :
« Et bien, donne ! On veut essayer nous aussi ! »

Humain 2 :
« Non, je la garde »

L'humaine 4 est jetée dans la cage.

Humaine 3 :
« AAAAhhhhahahh ! »

Humain 2 :
« AAAAAhhhhhhh ! »

Humaine 1 :
« AhhhAAhhhhhhhh ! »

L'humaine 4 est silencieuse. Elle se cache dans un coin, observe les limites de la cage elle aussi. Puis improvise autour de la télécommande qui ne sert à rien … si elle a envie.
L'humaine 5 est jetée dans la cage.

Humaine 3 :
« AAAAhhhhahahh ! »

Humain 2 :
« AAAAAhhhhhhh ! »

Humaine 1 :
« AhhhAAhhhhhhhh ! »

L'humaine 5 reste silencieuse. Elle observe les limites de la cage elle aussi, puis improvise autour de la télécommande qui ne sert à rien.

Humain 5 :
« Mais ooohhhh, pourquoi on est là ? C'est quoi ce truc ! » *en parlant de la cage qu'elle touche…*

Tout le monde dit « je ne sais pas » chacun son tour, et ils se tournent vers la plus petite…

Humaine 4 :
« Ben je ne sais pas moi, je suis la plus petite ! »

Ils se disputent un moment en chuchotant et la plus grande dit :

Humaine 5 :

« Je crois que j'ai compris pourquoi on est là ! Je crois … qu'on a été enlevé… par des extra-terrestres ! »

Humaine 3 :
« AAAAhhhhahahh ! »

Humain 2 :
AAAAAhhhhhhh ! »

Humaine 1 :
AhhhAAhhhhhhhhh! Mais pourquoi ? »

Humaine 5 cherche et demande la télécommande au garçon qui refuse mais qui finit par la lui céder.

Humaine 5 : *présente la télécommande et leur montre*
« Ben, c'est surement pour voir si on est bête ou pas… »

Elle appuie sur la télécommande et la lumière s'éteint, rideau ;-)

Adaptation de Nicolas Tchekhoff, avec la participation des enfants dans l'écriture.

Atelier 7
<u>Bienveillance</u>
(Musique)

Qu'est-ce-que la bienveillance ? C'est l'art de veiller au bien.

La musique est un espace de liberté dans lequel l'on peut inventer et raconter des histoires, musicalement (on parle alors de phrase musicale), ou à travers les paroles.
L'art de la rhétorique est au cœur des paroles, et on peut toucher les gens avec des mots ou avec une mélodie, les influencer en bien ou en mal en prônant certaines valeurs plutôt que d'autres.

Exemple concret, « Savoir aimer » de Florent Pagny, et à l'inverse « La casa de Papel » de SKG.
Jouer de la musique est un art qui pollue très peu si on ne fait pas de clip vidéo.

Cela demande plus de patience chez certains, mais on en est presque tous capables de faire de la musique.
Lorsqu'on joue de la musique, c'est pour partager une émotion, exprimer quelque chose, s'amuser…

Il a scientifiquement été prouvé que la musique est bonne pour la santé.
Etant donné que chaque mot est important, on peut écrire des paroles qui changent le monde. On peut écrire des choses futiles comme le font beaucoup de chanteurs, ou alors, on peut chanter des choses qui ont du sens pour l'avenir.

Une chose à savoir, c'est que pour écrire des paroles qui ont du sens, à priori, il faut un travail d'écriture.

Parfois les paroles viennent toutes seules, il existe une légende qui dit que « toutes les chansons sont déjà dans l'air, il suffit d'écouter » mais quand on voit le résultat, on peut se dire qu'il y en a qui n'ont pas bien écouté.

Pour apprendre la musique, on peut prendre des cours et je vous le conseille.

Mais il faut surtout écouter correctement, avec ses oreilles et avec ses émotions : (exemple : « Je suis chaud, je suis en feu », « Happy » ...)

Citez des chansons dans lesquelles l'émotion, le message sont évidents.

Pour composer une mélodie, il faut utiliser des notes et un rythme.

Voici des notions théoriques simplifiées :

1- Les notes

Il existe combien de notes ?

45 sur une guitare, 88 sur un piano... Mais en réalité, il y en a douze qui se répètent

Do, Do#, Ré, Ré#, Mi, Fa, Fa#, Sol, Sol#, La, La#, Si.

Des notes naturelles et leurs altérations, dièses et bémols.

Vous connaissez probablement l'expression « baisse d'un ton », et bien cela vient de la musique.

Montez d'un ton veut dire monter d'une note, mais il existe aussi des demi-tons.

Pour écrire la musique, on utilise une partition.

On représente les notes sur une portée de cinq lignes.

Mais cela ne suffit pas pour y mettre toutes les notes, donc pour situer la note grave ou aigue, on utilise une clé (clé de Sol, et clé de Fa, et plus rarement de Do /Ut).

De Do à Do, on parle d'un octave, les huit notes.
Il y a sept octaves sur un piano de la note la plus grave à gauche à la note la plus aiguë à droite.

Les faire chanter " Do Ré Mi Fa Sol La Si Do ", accompagné par un instrument ou pas. Leur montrer ou leur expliquer que l'on peut faire les mêmes notes avec différents instruments.
Il y a des chansons très simple qui utilisent très peu de notes comme   « Au clair de la lune »

2- Le rythme :
Le rythme est la mesure du temps qui passe pendant la musique.
Il est basé sur le tempo qui s'exprime en battement par minute (bpm).
Si l'on tape dans nos mains toutes les secondes, on a un tempo de soixante bpm, si on tape deux fois par seconde ? cent-vingt bpm…

Le rythme est important dans l'harmonie.
Souvent lorsque nous écoutons de la musique, notre cœur se met à battre au même rythme, le corps réagit aux vibrations et aux fréquences de la musique.
Plusieurs études scientifiques prouvent que la musique est bonne pour la santé quand on l'écoute et encore plus quand on la joue.
Une note noire correspond à un temps, c'est-à-dire un battement par minute, une blanche c'est deux, une ronde c'est quatre, une croche c'est un demi-temps… etc…

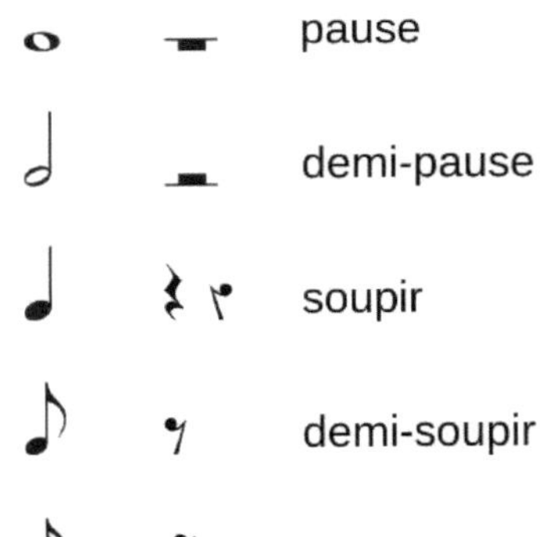

Le silence est très important. Il se note avec les pauses et les soupirs, tous ces symboles permettent de représenter une musique sur une partition de la façon la plus fidèle possible.

Je vous propose d'écrire une chanson ;

Pour simplifier la tâche, je vous propose de faire une reprise de chanson, d'utiliser la mélodie d'une chanson que vous connaissez bien, de faire une parodie (Goguette).

Dans presque toutes les chansons, le rythme se divise en multiples de deux : quatre, huit, seize, et trente-deux temps.
Très souvent, un couplet fait trente-deux temps.
Exemple avec « Au clair de la lune, j'ai pété dans l'eau », **écrire au tableau les paroles et compter les temps** avec les enfants.

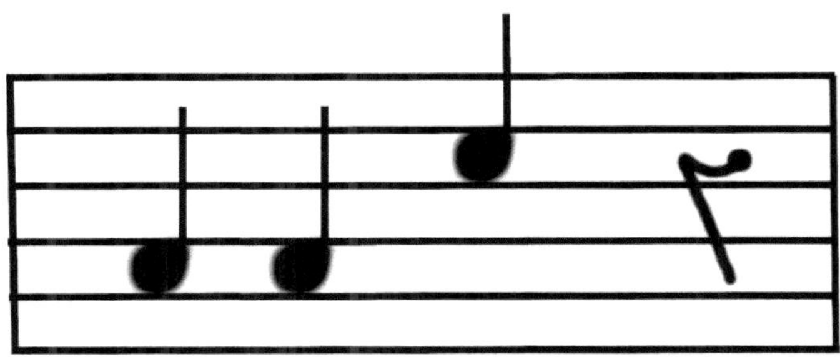

Ensuite, avec les pieds et les mains, ou le torse et les mains, **imiter le rythme** de « We will rock you » et écrire au tableau deux lignes de portées trois noires sur et un soupir pour **représenter le rythme.**

Le corps est comme un instrument. Par sa voix et le rythme que l'on peut faire avec les mains, la poitrine, les pieds...
Chanter « La mère Michèle » avec le rythme de « We will rock you ».

Une chanson sans instrument s'appelle à capella ». On peut faire des rythmes avec n'importe quoi, avec ou sans baguette.
On peut chanter une chanson avec des claquements de doigts.

On peut fabriquer des instruments avec pas grand-chose, on peut faire une chanson avec une seule corde de guitare...
La musique est partout : dans le chant des cigales, dans les gouttes de pluie...
Les humains font de la musique depuis des milliers d'années, et ils n'arrêteront jamais.

La cacophonie est le contraire de l'harmonie.

Notre monde est comme un orchestre qui joue une cacophonie, et il serait bien de tendre vers un système plus harmonieux.

La chanson écolo qui a le plus de succès chez les enfants en ce moment est « Les enfants du monde » de Green Team.

D'après moi, la plus poétique est « Madame Nature » de Aldebert.

Dans un registre plus enfantin, il y a « Chanson pour mon chien » de Henri Dès.

Atelier 8
<u>La Permaculture</u>
(jardinage)

La permaculture, qu'est-ce que c'est ?
Ce n'est pas seulement une façon de cultiver.
C'est une méthode de réflexion sur la création d'un système durable, **la culture de la permanence**.

Notre monde change tous les jours.
L'arrivée des machines à changer beaucoup de choses. Grâce aux machines, nous avons pu sauver des millions de vie, nourrir des milliards de personnes ; il y a du bon dans la mécanisation.
L'énergie et les machines remplacent l'homme dans presque tous les métiers.
Par exemple, un laminoir industriel qui sert à faire des pièces en métal remplace près d'un million d'hommes équipés de marteaux.
Les machines ne dorment pas, elles ne souffrent pas, à priori.

Avec l'arrivée de l'intelligence artificielle les machines vont devenir de plus en plus autonomes, elles n'auront plus besoin des hommes pour les régler, pour les réparer, elles seront capables d'inventer et de fabriquer d'autres machines…

L'avenir nous réserve plein de surprises, mais il faut que nous fassions attention aux mauvaises surprises, soyons prudents. Nous ne savons pas comment notre société va évoluer, mais il existe une vision qui est partagée par beaucoup de scientifiques, c'est la permaculture.

C'est comme **un art de vivre**, une idéologie qui tend vers l'harmonie par la coopération, le partage et la sagesse. La permaculture apporte une solution à chacun des problèmes de notre société.

Mais ce n'est ni magique ni parfait... C'est un concept.
C'est une réflexion qui relie tous les aspects de la vie en communauté. Une vision qui tente de satisfaire tout le monde, un schéma pour organiser notre système le plus efficacement possible, avec sagesse.

Présenter la **Fleur de la Permaculture** et l'Éthique **de la Permaculture**
« Prendre soin de la terre, prendre soin de l'humain, et partager équitablement » sont les trois principes fondamentaux qui forment la base, le socle de la conception permaculturelle.

La nature de l'homme est d'être généreux, ingénieux, d'aider son prochain pour qu'il puisse nous aider en retour.
Mais l'égoïsme fait aussi partie de la nature humaine, comme la violence...
Il serait profitable à tous de se concentrer sur les meilleurs côtés, d'organiser la société pour mettre en avant les qualités de chacun.

Un proverbe amérindien dit qu' « il y a en chacun de nous deux loups, un bon et un mauvais et que celui qui prend le dessus est celui que l'on nourrit le plus. »

Plus l'humanité sera puissante, plus l'éthique (la sagesse en somme) sera primordiale pour assurer notre survie biologique et culturelle à long terme.

Les principes éthiques de la permaculture ont été inspirés de travaux de recherche sur les bases éthiques des communautés, retenant les leçons de peuples qui ont réussi à vivre en équilibre avec leur environnement beaucoup plus longtemps que les civilisations récentes.

Ceci ne veut pas dire qu'il faut oublier les grands enseignements de l'époque moderne, mais que pour réussir la transition vers un avenir durable, il nous faudra prendre en compte des valeurs et des concepts qui sont en dehors des normes culturelles actuelles.

Un autre proverbe dit que « celui qui travaille avec ses mains est un ouvrier, celui qui travaille avec ses mains et sa tête est un bon ouvrier, et celui qui travaille avec ses mains, sa tête et son coeur est un artiste ».

Nous sommes donc tous capables de devenir des artistes : l'art de construire une belle maison, l'art d'enseigner, l'art de prendre soin des gens, de diriger un pays…

Il existe autant de façon de faire que d'artistes, et quand des artistes partagent leur technique, ils progressent ensemble.

Exercice pratique : planter une graine, un noyau, un bulbe, un sachet de fleurs pour les abeilles ou une patate et observer sa croissance.

L'art de Jardiner, prendre soin de la nature et de la Terre.
Les petits agriculteurs disparaissent petit à petit au profit des grandes exploitations et de la monoculture. Les insectes sont perturbés par la monoculture qui est contre nature.

Aux débuts de l'agriculture, les fermiers avaient tous des petites parcelles avec beaucoup de plantations différentes, les insectes n'étaient pas un gros problème car certaines plantes se protègent les unes les autres contre les insectes.

D'ailleurs, certains insectes sont les copains du jardinier, vous en connaissez ? (les coccinelles, vers de terre, chrysopes, carabes…)

Aujourd'hui, la plus grosse partie de ce que l'on consomme est cultivé en intensif, qu'est-ce que ça veut dire ? Une seule variété par parcelle et même souvent une seule variété pour un agriculteur.
On peut trouver des monocultures qui s'étendent sur des centaines de kilomètres.
L'agriculture intensive épuise les sols. Il faut donc compenser en y ajoutant des fertilisants, des produits chimiques et des OGM pour lutter contre les insectes perturbés qui ravagent les cultures, le manque de minéraux…
Les sols deviennent compacts sans vers de terre… on dit que le sol « meurt ». Heureusement, si on le laisse tranquille durant cinq à vingt ans, il peut redevenir cultivable.

Les plantes sont capables de se protéger les unes les autres, de se fertiliser les unes les autres, la nature est bien faite, elle est généreuse et abondante quand on l'écoute. Les agriculteurs, les maraîchers, les jardiniers ont différentes façons de fonctionner. La technique varie en fonction de la taille de l'exploitation, et du biotope (type de terre et le climat d'un lieu).

La « permaculture » est une vision globale de notre système qui se veut en harmonie avec l'environnement.
On peut l'adapter, elle n'appartient à personne et peut changer en fonction de celui qui en parle.
Donc les agriculteurs qui disent du mal de la permaculture n'en ont pas compris le sens. Elle a pour but de mettre tout le monde d'accord, c'est la culture optimale en fonction du sol, du climat et des ressources locales.

On utilise autant que possible ce qui est à côté du jardin, le fumier de cheval, de chêvre, de poule, etc... pour mélanger au sol et le rendre fertile. On parle d'un sol vivant, rempli de vie organique, des insectes et des vers de terre qui travaillent au profit du jardinier, en coopération... Cela forme un cycle, les plantes se nourrissent, avec les feuilles et les branches que l'homme ne mange pas on fait du compost, le fumier nourrit le sol... et les poules donnent des œufs... fertilisent le sol...
C'est un cercle vertueux... à opposer, au cercle vicieux.
Finir par leur demander de trouver un autre cercle vertueux que celui qu'on vient d'énoncer. Exemple : l'entraide

Atelier 9
<u>Exposition</u>
(Conclusion)

Pour conclure ce programme, je propose de faire une exposition où les parents et autres classes seront invités.
Chacun des ateliers sera résumé sur une ou plusieurs affiches faites par les élèves, accompagnées de photos, dans le but de bien ancrer les informations importantes dans leur mémoire et aussi d'informer les parents.

Pour informer un maximum de personnes sur la multitude de solutions qui se présentent face aux problèmes auxquels nous faisons face, donner de l'espoir aux gens. L'école est le meilleur moyen de faire passer le message, car elle est obligatoire.
C'est d'après moi le meilleur moyen de toucher le plus de personnes possible et de faire comprendre les enjeux et l'urgence d'une transition efficace.

L'écologie est une science qui a sa place dans les écoles, elle est abordable à tous les niveaux. Elle ne doit pas être politisée, car elle se base sur des faits scientifiques et non sur des croyances.

La science trouvera peut-être le moyen de réparer les dégâts causés par l'humanité.
Cela dit, pour l'instant rien n'est sûr, nous n'avons pas d'autre moyen que de changer. Il y a beaucoup de choses à modifier, nous devons trouver un équilibre entre écologie et technologie.
Cela passera forcément par l'éducation, la sobriété énergétique, la coopération...

En attendant que cette vision soit partagée par tous les pays du monde, nous devons faire de notre mieux pour diffuser un message encourageant et réaliste.

Merci de votre attention.

Guide d'utilisation du Programme

Il existe encore une multitude d'ateliers possibles de toutes sortes sur le thème du développement durable.
Chaque animateur EDD à sa recette !
Vous venez de lire la liste de mes ingrédients, voici les conseils de préparation.

Tout ce qui va suivre n'engage que moi, c'est ma vision des choses, j'arrive à être heureux dedans. J'arrive à faire bouger les choses à ma petite échelle.

1 Entrée en matière

Pour rendre l'écologie plus cool, il faut le prendre comme un jeu… un jeu plutôt sérieux.
Tout le monde n'a pas l'esprit de compétition, mais je vois déjà des amis se vanter d'être celui qui a fait le plus de kilomètres à vélo…
Le jeu est la meilleure façon d'apprendre, c'est une bonne façon de voir le problème car il faut savoir être bon perdant… au cas où.

Il y a de gros problèmes dans le monde de la finance, des guerres, des gens qui meurent de faim… l'humanité a perdu des points.
Mais à chaque fois que l'un de nous trouve une solution, l'humanité gagne des points.
Le but de notre jeu, c'est de tendre vers l'harmonie. On pourrait dire « atteindre l'harmonie » pourquoi pas, mais gardons les pieds sur terre…

Il y a du boulot !
Imaginer un monde parfait c'est doux, mais le retour à la réalité est dur.
Donc apprendre à apprécier les petites victoires est bon pour le moral.

...

J'ai fait plusieurs métiers différents dans l'art, la construction, l'agriculture, la restauration, et pour finir prof de sport pour adultes, animateur artistique et EDD (Éducation au développement durable).

C'est pour moi, le plus beau métier du monde !!!
Les enfants sont ravis de me voir, je suis accueilli comme un héros parfois !
Sauver le monde, c'est mon métier !
Je dis souvent aux enfants que je suis un super-héros, ça leur donne envie de m'écouter, de me suivre.

Informer les enfants des solutions pour un avenir durable, pour se passer des écrans facilement, leur apprendre à jouer avec des cailloux, à faire la roue, à jouer avec de la terre, du bois... C'est extraordinaire de voir leur enthousiasme, leur passion pour le sujet... c'est très rassurant.
Ils sont beaucoup plus faciles à convaincre que les adultes.
Évidemment, certains sont un peu insolents, bruyants, rêveurs...
Mais c'est tout naturel !!! Ils sont tous différents...

Ils sont aimés par leurs proches et ils s'attendent à ce qu'on les aime... Donc si vous n'aimez pas les enfants, évitez de bosser avec eux.

...

A chacun sa vision de ce qu'est un bon prof.

Pour ma part, je crois qu'il faut tenter l'approche familiale, une classe est un peu comme une famille… C'est un groupe social, et dans tout groupe social, il y a parfois des conflits… C'est à l'adulte de guider l'enfant sur le chemin le plus sage.
C'est un métier difficile donc je ne jette la pierre à personne, chacun fait de son mieux avec ses compétences et ses bagages.

J'ai la chance d'avoir rencontré de bons pédagogues, j'ai eu de bons profs… je partage.

Dans chaque groupe ou presque, il y a un leader qui se démarque ou alors il y en a plusieurs qui tentent de devenir le leader.
Dans une classe c'est le professeur qui « lead » ; qui dirige ses élèves dans la « bonne » direction.

Les enfants aiment parler d'écologie, et même de politique (Gestion de la vie de la classe) ! Tant qu'on leur parle avec des mots simples, ils peuvent tout comprendre. Et ils aiment qu'on leur parle comme à des grands !!
Enfin, certains sont curieux, d'autres moins…

Le plus tôt ils sont informés des conséquences de leurs actes, au plus vite ils vont partager leurs informations… et au plus vite, ils prendront de bonnes habitudes.

Nous sommes énergivores, l'humain consomme beaucoup d'énergie…
Et c'est un problème... on a la bougeotte, moi le premier !
C'est un sujet sensible ou tabou dans certains foyers mais pas dans le cadre public.

Nous pouvons informer, et nous devons informer les gens des réalités scientifiques. Les professeurs et les parents ont le devoir d'informer leurs élèves et leurs enfants sur l'état du monde et sur les solutions qui s'offrent à nous.

La science ne fait pas peur. Même la probable fin du monde ne fait pas peur, quand on dit à un enfant « attention ! Tu vas te faire mal ! », l'enfant n'a pas peur. Il prend conscience du danger et adapte plus ou moins son comportement.

On peut leur expliquer la fin du monde... parce qu'on est ... vraiment... publiquement, dans le caca...
C'est une récession qui s'annonce.
Nous n'avons plus le choix, nous sommes arrivés à un point de l'histoire où nous devons faire attention aux ressources qu'il nous reste.
L'oxygène fait partie de ces ressources et nous avons le devoir « d'en laisser » aux générations futures.

La technologie ne nous sauvera peut-être pas... planter des arbres ne suffira peut-être pas... mais le danger probable ne fait pas peur.
Notre cerveau est fait pour réagir aux dangers imminents.
Les enfants ne seront pas traumatisés si vous leur dites que la fin du monde est probable, et qu'ils ont la lourde tâche de réparer le climat que l'on a déréglé… A priori… C'est loin pour eux.
Vous le savez sûrement, les enfants ont besoin qu'on leur répète beaucoup pour intégrer, ils oublient vite le danger lointain.
Il est évident que l'on va tous mourir un jour ou l'autre… et c'est parfois important de le souligner… Car ce n'est pas demain la veille !

Ahhhh !   La fin du monde... mais de la fin de quel monde parle-t-on ?

La science trouve beaucoup de solutions mais ça ne suffit pas, nous allons devoir changer ce monde.

Officiellement, aujourd'hui, clairement... La science n'est pas en mesure de changer le climat sans faire de gros dégâts. La géo-ingénierie n'est pas une solution, prétendre pouvoir contrôler le climat c'est très prétentieux.

L'équilibre de notre planète est instable et fragile.

...

Soyez sûrs que nos enfants nous reprocherons un jour d'avoir été laxistes.

Si seulement... si seulement on pouvait trouver un ennemi commun (le monde de la finance), une direction souhaitable (la paix, l'équilibre, l'harmonie, l'autonomie...) et une solution rapide (le boycott, la philosophie de la permaculture dans l'éducation populaire par les réseaux sociaux...).

On s'est habitué à consommer de tout et n'importe quoi.

On trouve de tout sur Internet de nos jours, tout va très vite !

Les enfants sont très actifs, hyper-stimulés par les écrans et jouets de toutes sortes... ils ne connaissent plus trop l'ennui.

Et c'est bien dommage, parce que l'ennui stimule la créativité, et il se trouve qu'on a un nouveau monde à créer.

En tant qu'animateur, ou enseignant, on doit rechercher la chose la plus sage à dire, de la manière la plus simple et objective possible.

Je vais donc vous expliquer comment j'ai appris à être à l'aise dans ce sujet anxiogène.

Parfois l'arrogance de certains élèves peut troubler. Parfois faire sortir notre colère… Il y a des jours où l'on est fatigués.

La colère... même énoncée avec un ton sarcastique ou condescendant reste malveillante, mais nous sommes humains, parfaitement imparfaits.
Le message ne passe pas bien avec la colère, on perd notre crédibilité.

Je fais du mieux que je peux pour transmettre un message d'espoir, de joie et de sagesse. Je sais qu'on est nombreux à vouloir ce qu'il y a de mieux pour notre famille, à vouloir changer les choses.
Nous avons tous les outils pour apprendre à vivre en paix, alors c'est parti !

...

La sagesse.
Un bien grand mot sachant que le terme Homo sapiens veut dire « homme sage ».
Il y a même des spécialistes qui disent « Homo sapiens sapiens », c'est vous dire leur arrogance !

Je ne prétends pas être un vieux sage, j'ai encore beaucoup à apprendre...
Nous avons beaucoup à apprendre des enfants notamment, je peux dire avec grand plaisir, que l'on s'élève mutuellement.
C'est un grand bonheur d'échanger avec eux à propos de leur avenir.
Une grande partie des ateliers que je propose partent en discussions ou en débats animés.

C'est bien... mais il faut structurer la séance pour ne pas s'éparpiller
Rester concentré sur les besoins de chacun.

Mes ateliers tournent autour de quatre « éléments » :
Une partie théorique assez simple, qui peut tenir en vingt minutes pour une séance de deux heures.
A ce moment-là, il est important de tourner autour d'un ou deux sujets clés, de garder le principe de main levée pour ne pas être interrompu et que cela soit clair.

Une partie pratique manuelle, en mouvement, agir sur son environnement. On passe en mode découverte, observation, action.
D'abord, on explique les règles de sécurité, le but de l'atelier, les consignes, et ensuite, on les laisse s'exprimer...

Une partie échange où l'on partage des anecdotes, des infos annexes...
Les enfants ont plein d'histoires à raconter... plein... trop... c'est bien d'être à l'écoute, mais il faut rester dans le sujet sinon ils vont vous parler du chat de la cousine...
Cela dit, c'est souvent une occasion de rebondir sur un autre sujet en lien avec la protection de la nature (les chats sont responsables de la mort d'énormément d'oiseaux, la stérilisation peut être un débat).

Et donc une partie discipline, avec les enfants il faut garder son sérieux sous peine de perdre le contrôle de la séance en quelques secondes ! Donc, cool ... MAIS, très attentif au moindre débordement.
C'est le leadership.

Quand on intervient en classe comme je le fais, on partage l'autorité avec la ou le prof.

Certains collègues vont faire la loi, d'autres vont vous ignorer un peu, voir compter sur vous pour gérer tout le cours, et c'est normal.
On représente l'autorité avant tout, puisqu'on mène la danse.
L'autorité n'a pas besoin de violence.
Avec quelques armes pédagogiques, on peut attirer leur attention sur la bienveillance. Chaque interaction peut-être une façon d'aborder le respect du matériel, le respect de l'autre, ou de l'environnement.

Il est très important d'apprendre à accepter nos faiblesses, accepter qu'un enfant quel que soit son âge, puisse vous contredire et puisse même avoir raison.
Apprendre à faire des compromis, à avoir de la répartie... ça se travaille.
La confiance en soi s'acquiert avec le temps, avec l'expérience, l'humilité…

...

L'être humain est souvent à la recherche d'un problème pour compliquer sa vie, consciemment ou inconsciemment.
Moi le premier ! je cours dans tous les sens, et les gens qui courent tout le temps...
Je suis un clown... mais l'art du clown, c'est très sérieux !
C'est du travail !
J'aimerais être meilleur, avoir plus de temps, encore plus d'énergie.

L'écologie, c'est un bon problème, certains ont tendance à combler des vides par des problèmes.
Eh bien, je pense que l'écologie devrait être au centre de tous les conflits, l'intelligence collective pourrait résoudre tous les problèmes !!!
Et il y a urgence !!!

L'administration prend beaucoup de temps donc ce serait bien de se bouger, genre là … maintenant.

Certains me disent extrémiste, mais je pense être modéré... je connais des extrémistes et je peux comprendre la colère, la violence.
Cela dit, Il y a toujours un chemin moins douloureux et plus efficace qui est accessible caché quelque part.

Rendez-vous compte !!!
Si on mettait autant d'énergie à sauver le climat qu'à conquérir l'espace, on n'aurait même pas de problème !!!
On est en train de jouer avec le climat en priant « ça va bien se passer » et on envoie des fusées tous les mois pourquoi ? trouver une forme de vie intelligente... ?
Bien si on la trouve, j'espère qu'on saura l'apprécier.

Non mais !
Pourquoi on fait tout ça ??? Pourquoi on détruit tout ???

C'est un plaisir de pouvoir partager avec vous ma passion pour ce métier, ma passion pour l'art, et ma passion pour ma planète.

2 Vulgariser l'écologie

La protection de l'environnement est un très ... très vaste sujet !
C'est même un sujet qui englobe la presque totalité des activités humaines.

Il y a tellement de choses à savoir sur ce sujet qu'une vie entière ne suffirait pas pour tout comprendre, nous avons donc des spécialistes aux quatre coins du monde qui communiquent entre eux dans chaque domaine. Des personnes qui se sont consacrées à leur passion, et parmi ces spécialistes, il y a des experts.

Et il y a des experts qui sont tellement loin dans leurs études… Qu'ils n'arrivent plus à se faire comprendre par le commun des mortels. Pourquoi je vous dis ça ?
C'est parce qu'un bon expert n'est pas forcément un bon professeur.

Un terme est apparu il y a quelques années, c'est le mot « vulgarisateur », en somme c'est une personne qui fait le lien entre les experts et les autres.

...

Pour faire ce métier, je me suis entouré de personnes qui ont plus ou moins les mêmes convictions que moi au sujet de l'écologie.
Grâce au collectif environnement de ma ville et au hasard des rencontres, je reste en contact avec des gens dans la même démarche que moi ; des militants, des activistes, des

colibris, des artistes... qui m'encouragent, me conseillent pour que le message soit le plus clair possible.

C'est la première étape pour faire ce métier d'animateur EDD, s'entourer de personnes qui ont plus ou moins la même vision du futur que vous, des gens qui ont de l'espoir, avec qui partager votre vision, échanger... discuter... avoir un retour constructif.

De plus en plus de gens fournissent des efforts mais ce n'est pas la majorité, donc pour être optimiste (si vous ne l'êtes pas déjà), il est préférable de s'entourer d'optimisme.

On est presque tous tantôt optimiste tantôt pessimiste, on choisit de voir le verre à moitié plein... ou pas.
Sur le sujet du développement durable, être pessimiste dans la réflexion et optimiste dans l'action semble pertinent. S'attendre au pire, et croire que le meilleur est encore possible.
On a de l'influence sur les élèves, on est responsable de ce qu'on dit.
Responsable veut dire que l'on devrait être capable de répondre de manière bienveillante à leurs questions... Si on ne croit pas à ce qu'on dit, ils ne nous croiront pas.

J'ai écouté beaucoup d'experts, rencontré des gens extraordinaires et lu des livres bouleversants qui m'ont permis d'arriver à cette place de vulgarisateur.

Les échecs et les épreuves de ma vie m'ont amené jusqu'ici, à faire ce que je fais. Je fais de mon mieux mais peut-être que vous seriez meilleur-e.
Dix ans plus tôt je nageais dans le doute, je n'avais aucune idée de ce que j'allais faire et aujourd'hui, je fais le métier de mes rêves.

J'ai réussi à mettre toutes mes passions dans mon travail si bien que je prends beaucoup de plaisir à travailler. D'ailleurs, pour ceux ou celles qui ne le savent pas, le mot " travail " vient du grec " tripalium " qui veut dire " torture ".
Alors tant qu'à se torturer l'esprit, autant que ce soit pour quelque chose que l'on aime… quelque chose d'utile.

En partageant avec vous ce métier qui peut se faire à temps partiel, je vous donne la clé d'une porte qui mène à l'épanouissement, l'accomplissement… libre à vous de vous en servir.
Cette clé, vous l'avez en vous, elle est aussi en libre accès sur Internet, et pour ce recueil j'ai réuni toutes les pépites que j'ai trouvées dans ma vie.

Petite mise en garde… on ne peut pas plaire à tout le monde…
Vous le saviez déjà probablement, il est fort possible que votre discours ne plaise pas à certains.

Je vais vous donner mes outils et mes conseils pour parler d'écologie.
Il s'agit de semer des idées comme on sème des graines. D'alimenter les discussions comme on arrose une plante… et de guider vers votre opinion … qui doit rester ouverte… à l'inattendu.
Parfois la graine ne germe pas, parfois on arrose trop et parfois pas assez, et parfois ça pousse, on fait des petits écolos !
Comme un jardinier vous apprendrez de vos erreurs et trouverez des solutions pour les réparer ou ne pas les reproduire.

« Je ne perds jamais, sois je gagne, soit j'apprends »

« Je ne suis pas parfait, mais je m'améliore de jours en jours »

A travers ces chapitres vous trouverez un résumé de toutes les leçons que j'ai prises dans ma vie.

C'est pour moi un aboutissement, le travail de toute une vie résumé en quelques lignes.
Préparé avec la plus grande attention et approuvé par mes collègues professeurs et artistes.

3 La communication

Nous avons un sérieux problème... Parlons-en…
C'est la communication.

Si on ne passait pas notre temps à nous disputer, on vivrait déjà en harmonie, dans l'entraide. L'humain est bienveillant de nature, car il a besoin des autres pour vivre. Nous sommes des êtres pro-sociaux.

La base de la communication c'est l'écoute, poser des questions avant d'exposer votre point de vue. Faire émerger les réponses plutôt que de les donner dans la mesure du possible.
Lorsque la réponse que vous attendez se perd dans les digressions, ramener le sujet sur la table et concluez par la réponse (Pas toujours évident je l'avoue).

Bien comprendre son interlocuteur et se faire comprendre est indispensable pour bien communiquer.
Plutôt que d'essayer de con-vaincre, il est plus efficace de mener un dialogue, de poser des questions (personne n'aime être un con-vaincu). En utilisant les mêmes questions qui vous ont, vous personnellement, amené à la réponse, l'élève prendra le même chemin que vous.

…

Il semblerait que la grande majorité de la population ne se sente pas responsable des problèmes environnementaux, heureusement les médias y travaillent depuis peu.
Les informations sur l'évolution du climat ont été noyées dans le flow de divertissements proposés, elles ont même

été contredites en public par des personnes dans le déni, encore récemment sur des chaînes de grande écoute.

Nous faisons face à un problème de communication, le déni, appelé aussi « le syndrome de l'autruche ». Beaucoup trop refusent de voir la vérité en face.
Tant que le changement n'est pas obligatoire… la majorité ne changera pas. On a le droit de gaspiller, alors pourquoi ne le ferait-on pas ?

Si on ne comprend pas le problème, on n'a pas de raison d'arrêter de polluer.
Quand on se rend compte que l'on a le choix entre la sobriété choisie et la pauvreté subie… Alors qui choisirait la pauvreté ?

Nous avons le devoir de partager ce message, l'humanité doit devenir responsable, capable de répondre de ses actes, nous devons trouver l'équilibre, le juste milieu entre la bougie et l'halogène.

…

Il y a des pays où la protection de l'environnement est à l'honneur depuis longtemps, des petits pays où tout le monde s'est mis d'accord pour fournir des efforts pour la nature. Leurs habitants se moquent de nous, ils nous trouvent sales, arrogants, ridicules… En général.

Les médias français sont en grande partie responsables de notre problème de communication.
Nous sommes tellement submergés d'informations futiles que les vidéos qui expliquent clairement les problèmes et les solutions écologiques passent inaperçues au grand public.

Autre fait intéressant qui explique l'inaction, c'est que notre cerveau ne soit pas sensible au danger probable ou lointain ; il est conçu pour nous protéger des dangers imminents.

Depuis toujours il y a eu des oiseaux de malheurs, des prophètes de l'apocalypse… mais ils n'ont pas convaincu grand monde.

Aussi nous sommes tous (ou presque…) atteint par un problème que l'on appelle le déni à différents niveaux. Nous savons qu'il y a urgence mais nous refusons de croire que nous sommes importants. Beaucoup de gens sont inquiets vis à vis de l'avenir, éco-anxieux, mais ne savent pas par où commencer… Ils cherchent la motivation.

Pourtant le problème est clair, il faut arrêter de produire du CO2 avant 2050 pour éviter la caca, la cata … la catastrophe.
Et ça c'est si on suit les calculs des scientifiques, notre planète est un écosystème parfois imprévisible, Il serait donc plus prudent de s'arrêter avant le point critique … au cas où… non ?

D'après vous nos dirigeants prennent-ils le problème au sérieux ?

Nous aurions besoin d'une décroissance mondiale (temporaire tout du moins) ! La croissance verte est une idée séduisante mais malheureusement, cette idée n'est pas validée par les spécialistes du climat.
Nous avons des ressources limitées, donc pas beaucoup d'autre choix que de prospérer sans les gaspiller.
Nos dirigeants sont probablement en train de nous organiser une décroissance, mais ils n'ont pas l'air de s'affoler. Pourquoi ? Parce qu'il y a énormément d'argent en jeu.

Il faut bien prendre en compte que quoi qu'il arrive, les dirigeants ont prévu un échappatoire pour eux, leur famille et leurs amis. Les plus riches de ce monde ont tous un plan B au cas où le système s'effondre. Et vous ?

...

L'ONU, le GIEC, les spécialistes nous ont averti, les médias ont transmis l'information. Cela fait plus de cinquante ans que l'on sait que le climat va se réchauffer, pourtant nous consommons chaque année de plus en plus.
Le covid et les confinements ont fait baisser nos émissions de cinq pour cent en France. Cinq pour cent, c'est ce que nous sommes censé économiser chaque année pour arriver à la neutralité carbone en 2050 comme noté dans les accords de Paris.

Il est agréable de remarquer que le confinement s'est bien passé pour la majorité, nous avons accepté les restrictions par prudence, pour protéger les personnes sensibles, nous sommes restés sagement à la maison parce qu'il « fallait » le faire.

L'utilité du confinement est discutable mais officiellement cela à sauver des vies, et réduit notre bilan carbone mondial, restons-en là.
Ce qui est remarquable dans cette histoire, c'est la facilité avec laquelle la grande majorité s'est pliée aux restrictions. C'est encourageant pour notre transition, quand c'est obligatoire, on le fait.
Le prix de l'énergie grimpe et c'est logique vu le gaspillage, le pétrole et le gaz se font de plus en plus rare, il a fallu des millions d'années pour les fabriquer, ce n'est pas normal qu'il soit si peu cher.
Cinq pour cent des émissions en moins tous les ans c'est faisable, mais à quel prix ?

N'oublions pas la valeur de la nature, sans nature plus de profits.

...

Avant 2022, notre gouvernement plaçait la croissance économique bien avant la protection de l'environnement, et les principaux médias aussi bien évidement, ils suivent le patron.

Nous avons le droit de ne rien faire, mais je crois que nous avons le devoir de transmettre les informations importantes aux citoyens,
Les solutions pour un monde durable sont en effervescence, nous sommes au beau milieu d'une révolution industrielle, économique, sociale, environnementale...
On est en plein cœur d'un scénario catastrophe et on peut tous être des héros simplement en choisissant la meilleure façon de faire.
C'est trop cool ! Hein !?
Chaque économie de CO_2 peut sauver une vie indirectement...

Chaque geste compte, des milliards de vies sont en jeu. Donc désolé de faire le rabat-joie, mais un voyage en avion est potentiellement responsable de la mort de plusieurs animaux... et même d'humains !!
Indirectement bien sûr. Croire le contraire c'est du déni (j'insiste).

Le réchauffement, les sécheresses, la raréfaction des ressources et la perte de biodiversité vont probablement engendrer des famines, des guerres, des pandémies... C'est déjà le cas. Chaque tonne de CO_2 en moins, c'est une vie en plus.

Ce message doit être communiqué à tous.

Donc pour être communicatif, il faut être optimiste mais réaliste.
Et pour être convaincant... il faut être convaincu et heureux... donner l'envie.
Quand on est écolos, certaines personnes nous trouvent parfois désagréables, donneurs de leçons, moralistes, rabat-joie … et cætera
La forme de notre discours peut être plus importante que le fond. Je le vois bien avec mes élèves et mon fils, le ton que j'utilise change la réaction en face.

Quand on est déprimant et / ou déprimé... on touche moins de gens, l'information passe mais les gens qui sont heureux dans le déni n'ont pas envie de nous ressembler. Ils préfèrent croire qu'ils ont raison, ils s'entourent de gens qui pensent comme eux... donc ils restent dans leurs croyances.
La meilleure façon de rallier les gens à votre cause c'est de vous épanouir, d'être heureux en dépit des circonstances...
Charité bien ordonnée commence par soi-même.

...

Nombreux sont ceux qui prétendent avoir la vérité, et la vérité … c'est quoi ?
C'est un truc qui change souvent en fonction des gens.
Nous avons tous des croyances, des croyances saines et des croyances limitantes, des croyances bizarres parfois et des croyances salutaires ....

En général, on croit ce qui nous arrange, c'est un biais cognitif appelé biais de confirmation. C'est notre cerveau qui se moque de nous, il nous maintient dans l'ignorance pour plus de confort...

Par contre, il y a des réalités scientifiques, des chiffres, 99,9% de chances que les humains soient responsables du dérèglement climatique... et pourtant il y a encore un paquet de gens qui doutent.
Nos croyances évoluent avec la connaissance... malheureusement certaines idées reçues sont bien ancrées et elles ont du mal à partir.

Par exemple : Les platistes vous connaissez ?
Ceux qui pensent que la terre est plate... ils ne vont pas voir les vidéos qui expliquent que la terre est ronde. Ils s'entourent des personnes qui pensent la même chose ou de ceux qui doutent pour confirmer leur croyance. C'est le biais de confirmation.

Les climato-sceptiques c'est pareil ; quand on a pollué beaucoup, en prenant souvent l'avion par exemple, il est difficile d'accepter que l'on soit responsable de beaucoup de pollution, du coup on préfère penser que c'est la faute de la compagnie aérienne, ou croire qu'on n'a pas le choix... ou que c'est un complot !!!
Quand on appelle une voiture électrique une voiture " propre " alors qu'elle pollue plus à la construction en fonction du modèle, qu'elle utilise souvent des énergies fossiles pour fabriquer l'énergie électrique dont elle a besoin, qu'il faut changer les batteries tous les huit ans et que certaines ont pris feu spontanément : Problème de communication.

COMMENT résoudre ce problème ?

...

Pour démêler le vrai du faux, il faut écouter plusieurs spécialistes où alors ceux qui ont recoupé les études scientifiques pour avoir un point de vue éclairé (oui oui ! je me prends pour une lumière, vous avez bien lu ! Et si vous êtes arrivés jusqu' ici c'est que vous en êtes très probablement une vous aussi !)

Les sources françaises les plus pertinentes pour moi sont : le GIEC (officiellement la plus haute instance scientifique sur l'évolution du climat) et la fondation « The Shift Project », spécialisée dans la transition énergétique et qui conseille les grandes entreprises, les grandes écoles, ainsi que l'Assemblée Nationale pour diriger leurs efforts vers une vision durable et bas-carbone réalisable.

Le plus loquace des scientifiques sous les projecteurs est le fameux Jean-Marc Jancovici, porte-parole du Shift Project, membre du haut-conseil pour le climat et du cabinet Carbone 4.
Des années de conférences et de conseils dans le domaine de la transition l'ont rendu très convaincant et pertinent.
Nous devons apprendre à communiquer correctement pour séduire l'audience.
On parle ici de la qualité d'orateur, de l'art oratoire.

Des siècles et des siècles de philosophie et de conflits nous ont enseigné des tas de choses sur la communication.

A l'air des réseaux sociaux et des écrans partout, l'ignorance est un choix.
La communication a beaucoup évolué et de plus en plus de personnes travaillent dans ce domaine ou s'y intéressent.
Des méthodes, des disciplines existent pour se faire entendre et capter l'attention.

L'art de bien parler est une arme. Et comme toutes les armes elle est dangereuse. Les publicitaires, agences de marketing, conseillers en communication, les méthodes de persuasion des médias, des politiques… sont de plus en plus efficaces et manipulatrices… et dans le même temps elles sont de plus en plus analysées.

Le grand public devient plus méfiant.
Clément Victorovitch, professeur de rhétorique, spécialiste dans l'art de décrypter les messages politiques sur internet nous fournit une analyse des discours anciens et récents. Ce qui marque le plus est la façon dont les politiques usent des mêmes techniques de rhétorique depuis des siècles.

Depuis que le langage existe, les humains ont trouvé des formules et des techniques oratoires qui permettent de manipuler leur public.
La manipulation n'est pas forcément négative, d'ailleurs la plupart des manipulateurs n'ont pas de mauvaises intentions... ils agissent souvent dans leur propre intérêt, celui de leurs proches, sans faire attention aux dégâts qu'ils causent.
« La route de l'enfer est pavée de bonnes intentions »
Je vous encourage à étudier la rhétorique comme je l'ai fait et même de manière plus approfondie si vous le souhaitez.
C'est une arme « létale » et un domaine passionnant.

L'utilisation de métaphores, de figures de style, l'étude de la posture, des techniques de persuasion... jusqu'à l'hypnose qui est une pratique aujourd'hui très répandue dans la communication.

…

Parmi les méthodes qui existent, nous avons la CNV, la communication non violente.

C'est une technique qui remet en question beaucoup de nos habitudes. Certaines formulations sont à éviter, certains mots, certains gestes... des postures, pour le respect de chacun, notamment dans la prévention et la résolution de conflits.

Enseignée dans certaines écoles alternatives, par certains professeurs et animateurs... c'est une méthode qui a fait ses preuves et qui est de plus en plus utilisée et/ou étudiée.
Elle peut parfois paraître un petit peu « gnangnan », un petit peu « too much », c'est pourquoi il est important de comprendre le principe pour l'adapter à votre langage.
C'est presque magique ! On peut passer d'une classe ou le cri monocorde est le seul moyen de les faire taire, à une classe où règne le calme et la bienveillance.

Les principes de base de la CNV sont d'exprimer son ressenti, ses émotions, ses propres besoins... sans jugement.
Les formules toutes faites que l'on retrouve en CNV ne correspondent pas à toutes les situations ou à toutes les personnes. Ce sont des règles basiques pour se faire comprendre, apaiser les conflits et peut-être convaincre du bien-fondé de notre discours.

Ce sont des outils essentiels pour éviter de paraître paternaliste, moralisateur...
Plusieurs figures de la communication non-violente sont à l'honneur, Thomas d'Ansembourg et Boris Cyrulnik, ainsi que Maria Montessori et Céline Alvarez, qui se sont spécialisées dans la communication avec les enfants.

Se remettre en question, éviter les suppositions, se mettre à la hauteur de l'élève, lui exprimer nos émotions, notre objectif, plutôt que de lui rappeler les règles encore et encore... Il est préférable de prendre le temps d'expliquer pourquoi la règle existe.

Je résume ici en quelques phrases mais je vous invite à aller faire un tour sur les pages de ces professeurs !

La CNV est très complète, chacun peut s'inspirer des différentes formules.

Ne portez pas trop attention aux critiques à son égard, c'est un outil génial, avec parfois certaines idées un peu... farfelues.

Je prends pour exemple le fait que dans la CNV on déconseille d'applaudir, un geste rapide et bruyant... ce serait violent d'applaudir !! La bonne blague !

Mais si on y regarde de plus près... Prenons le cas de l'autisme ; on utilise beaucoup la CNV avec les handicapés car leur hypersensibilité demande un discours très clair, des gestes rassurants...

Pour certains autistes, applaudir peut-être perçu comme brutal, donc pour éviter de gêner les plus sensibles, on met tout le monde au même niveau (et au final, ça ne peut pas faire de mal... !).

...

Parmi les méthodes de CNV, on trouve la communication positive qui se focalise sur la parole. Les mots employés dans un discours peuvent soit convaincre, soit rebuter, en fonction de leur utilisation.

Il y a des mots à supprimer de notre vocabulaire pour le bien-être des autres, des expressions qui envoient un message négatif, certaines sont évidentes : dire à un enfant qu'il est bête, ou feignant par exemple…

Cela risque de renforcer sa croyance selon laquelle il est bête… Ou feignant.

L'enseignement, tout comme la parentalité, c'est comme planter une graine dans la tête de quelqu'un. Si on l'arrose bien, une pensée peut germer, si on ne l'arrose pas suffisamment elle restera à attendre...
Donc mieux vaut planter des belles pensées.

D'autre erreurs de discours sont beaucoup plus subtiles : dans l'idéal, on ne devrait pas dire à un enfant « tu ne m'écoutes pas ! Tu n'as pas envie... » on devrait plutôt dire, « écoute moi stp... plus attentivement stp ».
C'est la communication positive. Car selon les neurosciences le cerveau comprend mal la négation, mais il est sensible aux suggestions.
Au lieu de « arrête de courir ! », on va préférer « Viens voir ! » et on va lui expliquer qu'il serait bien, ou que c'est le moment de se calmer.

...

Certains élèves vont chercher à comprendre de quoi vous voulez parler, d'autres non.
En tant que professeur, on fait de notre mieux pour se faire comprendre et si on pense que certains ont mal compris, on explique d'une autre manière. Parfois, l'enfant n'écoute pas, mais il entend, il va à son rythme.

Parfois, on explique les choses de manière mathématique, et certains ne comprennent pas, ils ont probablement besoin d'une image ou d'une métaphore et vice versa.
C'est pourquoi il est très important de penser à utiliser plusieurs techniques pédagogiques, varier les approches pour capter au mieux l'attention de votre audience.

Une approche théorique, suivie d'un exercice pratique, puis une histoire ou une anecdote, un jeu, une devinette, une charade...

Pour capter l'attention, j'ai plusieurs méthodes, je fais attention à bien poser ma voix pour ne pas avoir un ton monocorde, il n'y a pas plus ennuyeux qu'un ton monocorde !!!
Une voix doit avoir une mélodie, et donc une musique adaptée au discours.

Faire attention à les regarder tous, chacun leur tour, dans les yeux...
Parfois, il y a un élève dans la lune, alors je me mets devant lui, j'attends un regard. Je répète la fin de ma phrase quand c'est nécessaire, trois fois, quatre fois... huit fois pour insister avec humour.

J'entends souvent dire que la pédagogie est l'art de répéter sans saouler les gens.
Répéter ... répéter..., en gros, parfois tu creuses pour planter ta graine et tu tombes sur un cailloux !!! Alors tu creuses à côté.

Une autre chose importante... C'est de faire des pauses...
De parler doucement. (C'est la raison pour laquelle je met beaucoup de ...)
Juste avant de dire un truc important... on marque une pause... et là !
On a capté l'attention !

...

Pour finir, un détail important, c'est d'être confiant, convaincu de ce que vous dites ; lorsqu'on est convaincu, on est plus convaincant.

La science et l'histoire nous ont apportés des faits, des réalités scientifiques plus ou moins discutables.

Garder le doute c'est important, même si parfois les doutes sont très improbables, accepter le doute.
Et bien sûr... par-dessus tout... Si vous ne savez pas, dites que vous ne savez pas, si vous n'êtes pas convaincu, dites-le...
Si vous dites être sûr de quelque chose et que ce quelque chose s'avère être faux, cela pourrait bien décrédibiliser tout votre discours.

...

Ce n'est pas grave de commettre des erreurs, si on les répare.
C'est même bien de commettre des erreurs. N'ayez pas trop peur d'en faire car en réparant votre erreur vous montrerez comment on fait pour se faire pardonner.
On ne peut pas passer une vie sans faire d'erreurs, sans blesser quelqu'un, et c'est normal.
L'essentiel est de savoir comment réparer ses erreurs pour donner le bon exemple.

Dans mon métier d'animateur, ce n'est pas très important de finir l'atelier, ce qui est important c'est que l'atelier se passe bien...
Que les élèves gardent un bon souvenir de la séance.

Faire quelques blagues, même mauvaises !

Essayer d'être drôle sans être trop sarcastique ni condescendant.
Rester objectif, optimiste et bienveillant autant que possible.

Pas besoin de se mettre la pression, vous êtes parfaitement
imparfait et vous avez le mérite d'essayer de changer les
choses, c'est déjà très bien.

4 Sociologie environnementale

Qu'est-ce que c'est ?
Un mélange de deux mots qui vont bien ensemble : c'est l'étude de l'impact de l'humain sur son environnement et ses conséquences sociales (à mettre en lien avec l'ethnologie qui prend en compte la culture et les origines de chaque personne).

Cette forme de sociologie est apparue dans les années 70 après la sortie du rapport Meadows, la révélation d'une crise cinquante ans avant qu'elle n'arrive !!!
Une étude qui a mis en évidence le rapport entre la finitude des ressources et les conséquences sociales.
Nous sommes en plein milieu d'une crise prévue depuis plus de cinquante ans, orchestrée par des politiciens véreux et des milliardaires inconscients.

Il y a une prise de conscience générale dans le monde sur la situation écologique désastreuse, il paraît que c'est au bord du gouffre que l'on se réveille et qu'on est capable de tout...
Ces prochaines années risquent donc d'être très intéressantes.

Huit milliards d'êtres humains, on pourrait croire que c'est trop.
Pourtant si on ne gaspillait pas nos ressources, nous pourrions aller jusqu'à dix milliards facilement, voire plus. Un Français consomme environ sept fois plus qu'un africain, donc le problème n'est pas dans le nombre, il est dans nos modes de vie.

Malheureusement, le climat n'est pas le seul problème, le réchauffement planétaire mis à part, nous serions quand même dans un effondrement de la biodiversité, une pénurie de ressources, une pollution aux particules fines, au plastique…

Les grandes puissances mondiales sont encore en train de faire une course à l'échalote, fiers de leur bêtises, arrogants, méprisants…
Une forme de déni maladif qui a un impact considérable sur notre avenir.

Nous ne savons pas précisément ce que l'avenir nous réserve, cela dit les différentes prévisions sont toutes inquiétantes, dans les hypothèses les plus optimistes ça va tout de même être compliqué et dans les plus pessimiste, il est déjà trop tard.

« L'optimiste est celui qui voit une opportunité dans chaque problème, le pessimiste est celui qui voit un problème dans chaque opportunité. »
W. Churchill

Qui croire ?
Nous sommes tous parfois optimistes et parfois pessimistes. Cela dit, en ce qui concerne l'environnement, être optimiste n'est pas facile je l'admets, les mauvaises nouvelles s'enchaînent régulièrement.

Une élève m'a récemment affirmé « de toute façon il est trop tard » (inspirée par papa j'imagine) …
Ce à quoi j'ai répondu, « trop tard pour quoi ? »

Il est peut-être trop tard pour les hérissons, les baleines ou les ours polaires, figures emblématiques de notre faune en danger.
Mais quoi qu'il arrive... il y aura toujours quelque chose à sauver.
A quoi bon croire qu'il est trop tard pour sauver l'humanité, perdre espoir n'est pas une option pertinente, c'est mauvais pour notre santé mentale.

Beaucoup trop de gens n'ont plus d'espoir en l'être humain, mon métier consiste à redonner de l'espoir, à semer l'espoir dans le cœur des enfants. Il y a une phrase que je répète souvent aux élèves : « Des millions de personnes se battent tous les jours pour améliorer les choses, ils ont besoin d'encouragement, ils n'ont pas envie qu'on leur dise qu'il est trop tard ».

Parmi ces personnes qui militent, on trouve de tout : il y a des pro-nucléaires, des antinucléaires, des pro-éoliennes, des anti éolienne, des libéraux, des anarchistes...
Il y a des rêveurs et des rabat-joie, la communication est compliquée entre ces différents caractères.

Chez les professeurs, c'est pareil ! Comme dans toutes les cases de notre société, il y a toutes sortes de personnes différentes. Des mous, des énervés, des idéalistes, des complotistes, des fatalistes... et heureusement il y a des sauveurs, des clowns, des bienveillants et des altruistes.

Votre posture sociale est votre choix. Vous n'êtes pas responsables de la tête que vous avez, mais vous êtes responsable de la gueule que vous faites. Etre apprécié par les autres n'est pas obligatoire, mais dans mon cas, pour enseigner l'écologie, c'est très important.

...

Gandhi disait « L'exemple n'est pas la meilleure façon de convaincre, c'est la seule »

C'est un peu catégorique mais je crois que c'est vrai, à l'exception faite que si on est exemplaire au niveau bilan carbone mais que l'on est malheureux... on ne pourra convaincre personne.

C'est comme un rôle que l'on joue, l'amoureux de la nature, enthousiaste et plein d'espoir. Si vous êtes déjà comme ça, parfait... sinon comme pour le bonheur, faire semblant de l'être vous aidera à le devenir.

On a beau avoir des doutes, des peurs, des croyances limitantes... lorsqu'on est en face d'un enfant, lorsque l'on veut partager un message de sobriété heureuse, on se doit d'être optimiste, engageant, de se concentrer sur le positif.

Il est évident que lorsqu'on est de bonne humeur, on est plus convaincant... c'est pourquoi il est primordial de se concentrer sur nos convictions positives. Si vous êtes convaincu que l'humanité est destructrice, s'il vous plaît, gardez le pour vous. L'humanité est créatrice avant tout.

Quelle que soit la gravité de l'état de notre environnement, un éducateur se doit d'être rassurant, encourageant... honnête et bienveillant. Pour cela ma technique est simple, quand j'entre dans la salle, je mets mon costume de super-héros, je joue le rôle de l'optimiste. Parfois même candide, je fais mine de ne pas comprendre.

Quand un enfant me dit, « on est de plus en plus nombreux sur la planète, alors une guerre ce serait bien » (encore une idée de papa je présume)... je réponds :

Comment ça « ce serait bien » ?

Lorsque je suis mal à l'aise, j'aime répondre à ce genre de phrase par une autre question.

Est-ce que la guerre c'est bien ?
Est-ce que c'est la meilleure solution ?
La guerre c'est horrible, ça n'a rien à voir avec les jeux vidéos, chaque vie perdue est un drame pour sa famille, en plus les guerres polluent beaucoup, donc non ! C'est naze !
Ma posture est celle du sage plutôt cool, il nous est possible de vivre à 10 milliards d'êtres humains sur Terre dans l'abondance.
Mais de quelle abondance parle-t-on ?
L'abondance de technologie ? de viande… ? Eh bien non !
Je vous parle de l'abondance de plaisirs simples.

Entre riches et pauvres, il y a une chose qui ne change pas, c'est l'admiration pour la nature.
Dans les deux cas il y a des personnes qui ne l'apprécient pas à sa juste valeur mais la plupart d'entre nous humains sommes connectés à la nature, nous avons une tendance à vouloir la protéger, un peu comme notre mère.

Les personnes déconnectées sont souvent les plus tristes. Elles ont perdu le goût de la vie, se raccrochent à des rêves inaccessibles ou destructeurs. Elles auraient bien besoin d'un gros câlin, d'une bonne fessée… ou je ne sais quoi…
Tout comme notre système immunitaire combat les maladies, nous devons combattre la bêtise pour prospérer.

Je crois en l'utilité de l'auto-défense, je crois que la violence fait partie de la nature humaine, elle fait partie de nos bas-instincts. Elle doit être canalisée bien sûr, réservée à un cadre sportif ou verbal. Les arts martiaux, la musique, la poésie, la rhétorique sont la clé de ce problème.
La Chine n'est pas un exemple à suivre mais bien une source d'inspiration.

Les occidentaux sont en avance sur certaines choses et en retard sur d'autres. Toutes les solutions sont sous nos yeux, et dans notre téléphone se cachent des trésors d'humanité.
Sur le réseau internet mondial qui tient dans notre poche se trouvent les solutions à chacun des problèmes de l'humanité, en tout cas tout ce qui est physiquement possible. Il ne reste plus qu'à nous répartir les tâches équitablement.

Nous avons tous des efforts à faire pour réduire, proportionnellement à nos habitudes, notre bilan carbone.
Si tout le monde joue le jeu, ça pourrait bien se passer.

…

Nous français, gaspillons un tiers de la nourriture que nous produisons.
Les Américains en gaspillent la moitié, l'agriculture représente près d'un quart de nos émissions mondiales.
Nous pourrions créer des groupements d'agriculteurs, organiser la collecte et la transformation des invendus, mais la compétition entre agriculteurs empêche l'élan de solidarité.

Nous avons aussi un petit problème social entre viandards et végans, je ne dis pas que le débat entre les deux camps n'a pas de sens, mais le dialogue est très tendu, la tolérance et le respect manquent cruellement dans les discussions.
Notre consommation excessive de viande et de poisson crée de gros problèmes, la qualité devient médiocre, l'environnement est fortement impacté et la souffrance animale est une catastrophe.
Cela ne justifie pourtant pas les insultes de part et d'autre, un peu plus de respect et d'humour seraient les bienvenus.

Outre les désordres intestinaux des ruminants, j'ai trouvé un angle d'attaque !

« Mort aux vaches !!! On mange tous les ruminants, on en congèle un peu, et on arrête le massacre ! ».
C'est un sujet très sensible la viande, mais on imagine assez bien un méga-hachis-parmentier ou une Bolognaise party !!!
On doit pouvoir négocier avec le viandard… il a le sens de l'humour… à priori !

Comme le méthane est vingt-cinq fois plus réchauffant que le CO_2 et qu'il disparait trente à 50 fois plus vite (environ 15 ans pour être absorbé contre 1000 ans pour le CO_2), ce serait très efficace pour limiter le réchauffement rapidement.
On pourrait faire une pause dans les prouts ? Juste pour voir.

On garde les élevages qui effectuent bien leur travail et on ferme toutes les méga fermes qui ressemblent à des camps de concentration.
Le bœuf deviendra un produit de luxe ou un remède pour ceux qui sont en manque.

D'après Gandhi … encore …(Il avait des défauts mais il a laissé un paquet de punchlines) « On reconnaît le degré de civilisation d'un peuple à la manière dont il traite ses animaux ».
Mais dans un monde ou l'esclavage et la torture sur les humains sont encore bien répandus, la souffrance animale est mise au second plan, c'est juste logique.

On pourrait produire uniquement ce dont on a besoin pour notre santé physique et mentale. Les plus addicts à la viande devront probablement suivre une thérapie de sevrage pour accepter. Il faudra bien les accompagner vers le lapin, le tofu ou les viandes synthétiques.

…

Il existe désormais un nom pour ceux qui pensent que les animaux nous sont inférieurs : les spécistes.

J'ai une tendance à croire que la vie d'un humain a plus de valeur que celle d'un animal, c'est dans ma culture. Mais je suis incapable de tuer un poulet pour le manger, si ma survie n'en dépend pas.
Toutes les cinq secondes un humain meurt de faim dans le monde, et dans le même temps, toutes les cinq secondes dix mille animaux sont abattus. De plus, soixante-dix pour cent des terres cultivées servent à nourrir le bétail donc il y a un lien évident.

Ayant travaillé dans un abattoir, j'ai vu des choses horribles, des centaines de veaux pendus par les pattes qui défilent, des tumeurs cancéreuses dans le gigot, des employés qui font des batailles de gras... ça m'a coupé l'envie… ça plus les vidéos de L214... Je ne peux plus manger de veau, d'agneau ou de viande de mauvaise qualité.
La vie sous toutes ses formes mérite plus de respect.

Toute cette violence raisonne dans notre société, elle résonne en nous.
On l'oublie souvent pour pouvoir être heureux, c'est le déni encore.
Je suis moi-même un peu dans le déni quand je suis invité.
Au restaurant, je ne demande pas d'où viennent les produits parce qu'il faut encourager les petits restos. Et chez les amis, je refuse gentiment et me rabats sur le pain ou les chips.

On se sent bien à l'écart de toute cette violence animale derrière notre écran plat ou notre téléphone, pourtant la réalité peut être répugnante, doit-on montrer ces images à des enfants ? Serait-ce efficace ?

Sur ce point, j'ai un doute.

Personnellement, j'ai attendu que mon fils ait quatorze ans pour le faire. Du coup il aime la viande et refuse d'arrêter.

Je l'embête avec mes repas végan et en lui rappelant les conséquences de sa consommation, mais je n'arrive pas à le priver complètement, cela risquerait de donner l'effet inverse que je recherche.

Pour être réaliste sans être anxiogène... je finis le plus souvent mes phrases par une note positive.

Par exemple : « les animaux d'élevages intensifs souffrent beaucoup pendant toute leur vie, mais heureusement il y a quelques éleveurs qui prennent bien soin de leurs animaux, c'est possible. »

Après le spécisme, nous allons aborder le racisme. Vite fait bien fait.

Je suis ravi de voir que notre génération et la suivante ont fait de gros progrès à ce sujet.

Mais il est clair que le problème n'est pas résolu.

Le racisme nous divise, la peur de ce qu'on ne connaît pas nous pousse à nous renfermer, à juger sans savoir.

C'est un fléau... dans mes cours d'écologie, je parle beaucoup de solidarité, je pense que c'est tout aussi important que la protection de l'environnement.

L'un ne va pas sans l'autre, « urgence climatique, justice sociale, même combat. »

On est tous dans le même bateau, il faut arrêter de se disputer sur le cap... Notre cap c'est la survie du plus grand nombre de vies possibles, humaines, animales et végétales.

Et non !!! Les courgettes ne souffrent pas, elles n'ont pas de système nerveux, par contre tous les êtres humains ont la même valeur… Pour moi.

Les médias alimentent régulièrement ce problème de racisme en donnant la parole à des personnes à tendance fascistes.
La censure existe pour certaines choses et pas pour d'autres, à croire que diviser la société à un intérêt… on se demande pourquoi !?

La peur de l'étranger aveugle, et cette peur est alimentée par certains journalistes mal Intentionnés. Il y a des idiots, des vilains dans tous les pays, le racisme crée l'injustice, l'injustice crée la colère, la colère crée la violence.
Encore un cercle vicieux dont on doit sortir au plus vite.

…

Il y a très peu de chance qu'on arrive à conserver une croissance alors que nos ressources s'épuisent. Il serait donc sage d'envisager une décroissance comme plan B.
Mais économiquement, c'est la première fois que ça arrive, donc pour beaucoup d'économistes, ce n'est pas possible.

Le rapport Meadows a marqué un point dans l'histoire, c'est le moment où l'on s'est rendu compte concrètement que tout pourrait s'effondrer comme un château de carte.
De cette idée est née la collapsologie : L'étude des effondrements passés et probables. On peut critiquer autant que l'on veut cette pseudo-science, nous sommes déjà en train de vivre un effondrement de la biodiversité, un effondrement économique…
L'équilibre de notre système mondialisé est fragile et nous sommes à l'aube d'un grand changement de notre façon de consommer.

La collapsologie propose de traverser et d'analyser notre problème d'effondrement avec les mêmes étapes que la perte d'un proche.

Le choc de la perte probable de notre confort actuel, le déni, la colère, la peur, la tristesse, l'acceptation, le pardon … et la sérénité à travers la résilience.

C'est le deuil du monde de la surconsommation.

Comme on le dit clairement, « l'utopie a changé de camp », l'utopie ce n'est plus la vision d'un monde écolo, durable et solidaire. Non, l'utopie aujourd'hui est devenue la croissance sans limites.

Même la croissance « verte » est irréaliste.

Nous avons clairement besoin de sécurité alimentaire, de stabilité, et c'est dans la solidarité et la sobriété que l'on pourra la trouver.

La nature procure l'abondance, mais nos désirs actuels vont au-delà des capacités de notre planète.

Avec plus de huit milliards d'humains, on ne peut pas tous vivre comme des Français, ou des Américains, et encore moins des Qataris.

Ces derniers sont complètement « hors-sol » (j'aime beaucoup cette expression).

Les inégalités s'agrandissent, la lutte des classes persiste, une guerre civile nous menace... certes.

Mais parler du négatif ne mène à rien, c'est une perte de temps, nous avons le devoir de nous concentrer sur le positif.

…

Walt Disney, Pixar et Hollywood ont popularisé la philosophie pour déjà deux générations, la générosité, la solidarité tout le monde sait ce que c'est, il ne manque qu'un déclic pour mettre tout le monde d'accord.

Il va falloir faire preuve d'empathie le moment venu parce que les réfugiés climatiques vont bientôt frapper à nos portes.

Pour résumer, l'empathie c'est la capacité à se mettre à la place l'autre.

C'est important pour moi dans l'éducation, d'essayer de me mettre à la place de celui qui écoute.

Réussir à imaginer dans quel état d'esprit est l'élève, dans quelles conditions est-ce qu'il vit... son éducation... sans faire de supposition négative.

Pourquoi est-ce important ? Parce que l'on n'a pas tous le même rapport à l'autre.

La différence est une richesse. Certains enfants sortent du cadre et c'est très bien. Mais le respect mutuel est de rigueur, chaque manque de respect est une occasion d'expliquer pourquoi c'est une valeur essentielle.

Quelque soit sa culture, une personne, un individu est la somme de tout ce qui lui est arrivé, la personnalité d'un individu se construit par ses expériences... positives et négatives.

Trivialement, si j'étais toi, je penserais comme toi... puisque je serai toi.

On ne comprend pas toujours pourquoi les gens agissent bizarrement mais si on était eux, on agirait comme eux.

Le but du jeu est de comprendre l'autre, d'accepter sa différence et de lui proposer de voir les choses sous un autre angle.

Certains ont connu beaucoup de souffrance physique, certains la souffrance émotionnelle... et d'autres ont connu les deux.

La plupart des gens ont connu ces deux souffrances à différents degrés, je trouve ça important.
On peut rencontrer des gens qui ont beaucoup souffert mais qui sont très heureux, et des gens à qui il n'est rien arrivé de grave qui sont malheureux.

Tout ça pour dire que l'on ne devrait pas juger un élève difficile, car celui pour qui c'est le plus difficile le plus souvent c'est l'élève.
Nous ne sommes pas tous nés sous la même étoile. Certains enfants sont livrés à eux même, certains sont trop gâtés, chaque parent à sa recette. Malheureusement certains persistent avec des méthodes qui ont prouvées leur inefficacité.

...

Heureusement, dans chaque catégorie sociale il y a des enfants ou des adultes extraordinaires, beaucoup de gens sont bien informés au sujet de l'écologie et chaque rencontre est très enrichissante.

Nous faisons face à une crise sans précédent : la crise sanitaire, la guerre, la crise économique, la crise climatique... Nous sommes perdus dans ce flow d'informations anxiogènes.

En ces temps difficiles, il est compliqué de trouver un métier en alignement avec nos croyances, un métier qui a du sens, les « bullshit jobs » sont partout (boulots de merde de taureau). Pourtant le travail ne manque pas, étant donné qu'il faut tout réinventer.

Beaucoup de gens vivent à l'encontre de leurs croyances... ou bien ils choisissent de croire ce qui les arrange.

Quand on travaille pour Amazon, il est plus confortable de croire aux bienfaits de la mondialisation. Quand on travaille pour Total, il est préférable de croire qu'il est impossible de se passer du pétrole…

On entre dans le dur ! Les croyances...
Hé oui ? c'est plus simple de croire que le réchauffement climatique est un fake ou qu'il est réversible.
Il est plus confortable de penser que l'on n'est pas responsable, ou encore d'être démesurément optimiste et de croire que la science va trouver une solution.
Il est plus simple de croire que l'on ne peut pas empêcher l'homme de s'autodétruire. On peut être fataliste, croire que l'homme est destiné à s'éteindre et que c'est bien... on a le droit de croire ce qu'on veut, c'est le libre arbitre.

Pour enseigner, on est censé être optimiste, tolérant, ce n'est pas le cas de tous les profs et on ne peut pas leur en vouloir, ça ne s'apprend pas à l'école.
Être optimiste, ce n'est pas être aveugle, c'est se concentrer sur le positif, c'est faire comme si on n'avait pas de doute dans l'intention...
Comment on fait ça ?
On a tous je pense une tendance au pessimisme... des idées noires, des moments de gros doutes... mais qu'en fait-on de ces doutes ?
Est-ce qu'on les laisse diriger notre vie ou est-ce qu'on s'en sert à notre avantage ? Pour anticiper, pour affiner notre intuition.

Regarder des films violents ou jouer à des jeux vidéo violents ne rend pas les enfants violents. Ça n'arrange rien mais ce n'est pas l'outil le problème, c'est l'utilisation qu'on en fait. Ce sont l'éducation et le patrimoine génétique qui font de nous qui nous sommes.

Évidemment regarder des films d'horreur, d'action ou encore des dessins animés stupides... ça ne rend pas bienveillant.

Alors que les bons films nous apportent beaucoup de sagesse, de réflexion sur ce qui est bien ou mal, la frontière entre les deux est parfois très mince et le cinéma en révèle la finesse.

Nourrir le bon, semer la joie, accueillir les problèmes comme des défis, accepter l'échec, s'en servir pour avancer... nous sommes capables de grandes choses quand on a confiance en nous.

...

Le téléphone est devenu un outil extraordinaire, ce n'est pas un problème en tant que machine, tout comme l'ordinateur, la télévision ... c'est la dose qui fait le poison.

La dépendance est uniquement psychologique, d'après les spécialistes il est fortement déconseillé de laisser un enfant plus de deux heures par jour devant un écran. Pourtant, si on regarde notre temps passé par jour, tout écran cumulé... ça peut faire peur.

Vous le savez, les enfants le savent, mais c'est tellement incroyable comme système de communication que l'on est troublé, nous ne savons pas ce que ça va donner sur cette génération...

C'est peut-être grâce à la communication et les réseaux sociaux qu'on va s'en sortir... allez savoir.

Les écrans nous connectent les uns aux autres, nous sommes devenus hyper sociaux et en même temps trop individualistes.

Les informations circulent à une vitesse folle, nous sommes tous connectés, et c'est une bonne nouvelle ...

Puisque nous nous élevons mutuellement !

5 La pédagogie

Ce mot définit les méthodes utilisées pour enseigner.
Il existe presque autant de méthodes que d'enseignants, et c'est là que se situe toute la beauté de la chose.

Au quinzième siècle, le pédagogue était un esclave qui emmenait l'enfant à l'école et lui faisait réciter ses leçons.

Les pédagogues aujourd'hui sont ceux qui pratiquent l'enseignement selon leur méthode, plus ou moins efficace… et certains jours meilleurs que d'autres.
La pédagogie implique l'ensemble des comportements de l'enseignant envers ses élèves.

Les différentes méthodes pédagogiques sont toutes importantes, elles sont complémentaires.
Nous sommes tous différents les uns des autres, nous avons tous des intérêts et des valeurs qui varient en fonction de notre histoire.
Un fils de musicien a plus de chance de devenir musicien qu'un fils de peintre tout comme un maçon, mais il n'y a pas de règle à ce niveau-là, aucune certitude.

Nous sommes tous le reflet de ce qui nous est arrivé : un enfant traumatisé par l'eau aura plus de difficultés pour apprendre à nager.
De la même façon, un enfant qui est encouragé aura plus de facilités en général.
Chaque élève, comme chaque personne, a un passé et une histoire bien à lui qui le caractérise, une suite d'événements qui le prédisposent à aimer certaines choses et pas d'autres.

On me dit souvent que j'ai un don pour l'artistique, sous-entendu j'ai besoin de travailler moins que d'autres pour avoir le même résultat ou même faire mieux. J'aurai été choisi par le hasard pour devenir un artiste... une chance !!

Et donc les dix mille heures que j'ai passées à pratiquer ? Ça compte ou pas ?

Petite anecdote personnelle : dans ma famille, il y a beaucoup d'artistes, donc mon environnement était favorable, on m'a encouragé ... on m'a montré... on m'a dit que c'était facile.

On me répète souvent que j'ai de la chance d'être doué, et j'ai du mal à l'accepter.
Il y a une part de vérité, j'ai la chance d'être né dans une famille d'artistes, ce qui m'a aidé à croire que je pouvais en devenir un.
On m'a dit que c'était assez facile, j'y ai cru. Je pensais que c'était normal de chanter juste et de savoir dessiner. Je suis chanceux de ce côté-là, mais croyez-moi j'ai eu mon lot de malchances.

...

La pédagogie est pour moi l'art d'enseigner. Ça s'apprend dans les livres mais aussi évidemment sur le terrain.
Il y a une citation qui dit, « il n'y a pas de mauvais élèves, il n'y a que de mauvais professeurs ».
Qu'en pensez-vous ?

Comme beaucoup de citations ou de phrases toutes faites, ce n'est pas une vérité absolue.

Quand on a enseigné quelques années, on a forcément rencontré des élèves difficiles... et on peut affirmer qu'en fait c'est plus compliqué qu'il n'y parait.
Certains élèves vont tenter de vous mettre mal à l'aise, avec ou sans arrière-pensées, ils vont parfois chercher la limite de votre patience, tester votre tolérance. Et il faut s'y préparer.

J'ai beaucoup de respect pour les professeurs, c'est un noble métier indispensable et plein de sens.
Bien qu'aujourd'hui Internet puisse tout vous apprendre, je crois que le contact humain et le fait de faire partie d'une classe est primordial pour s'intégrer dans la société.
Certaines écoles sont en crise, le manque de personnel, de moyens, trop d'élèves par classe, beaucoup de violence verbale et physique…
Il y a aussi des parents qui ont peu de respect pour le métier d'enseignant, sans savoir à quel point il est complexe et important.

...

Dans une classe de province, en général, pour gérer un débordement, il suffit d'« applaudir » le chaos, c'est à dire taper des mains pour imposer le silence. On peut crier un bon vieux « OHH » si la sécurité est menacée, pour une dispute… c'est ce que je conseille au vue de ma petite expérience.
On peut aussi attendre bras croisés en fronçant les sourcils en silence, mais ça ne marche pas à tous les coups.

Crier sur les élèves est une vieille technique qui est fatigante pour tout le monde. On n'est pas crédible quand on perd notre sang froid, on n'est pas agréable quand on est condescendant, la pédagogie, ça s'apprend.

Je vais donc vous présenter rapidement les différentes méthodes, et je vous invite à vous les approprier pour partager efficacement vos idées, que vous soyez professeur ou non. Chaque enfant est différent donc il est préférable de connaître toutes les méthodes pour pouvoir s'adapter à chaque situation.

...

La méthode Montessori, à été mise en place par Maria Montessori, médecin pédagogue. C'est aujourd'hui un réseau d'écoles privées qui utilise une méthode qui favorise l'autonomie, la confiance en soi, les expérimentations et l'apprentissage en douceur.
Elle a pour objectifs de favoriser l'éveil des sens, l'ouverture au monde et le développement de l'enfant tout en respectant son rythme d'apprentissage et ses centres d'intérêts.

« Chaque jour, un regard nouveau sur l'enfant »

C'est cette petite phrase qui m'a le plus marquée, chaque jour, j'aimerais repartir sur de bonnes bases avec chaque élève.
L'enfant oublie la plupart de ses erreurs passées, si l'on s'attend à ce qu'il fasse des bêtises, on le sous-estime, ce qui le pousse à l'erreur.

...

La méthode Frénet insiste sur l'expérimentation, proche de la nature, elle prône la découverte de la vie réelle par des rencontres avec des artisans, des agriculteurs grâce à des « promenades scolaires ». Apprendre en faisant des expériences ; on met de côté l'apprentissage par cœur pour favoriser l'entraide et le dialogue.
La liberté d'expression sans autorité ni discipline sévère.

Des études ont prouvé qu'apprendre par cœur développe la mémoire, cela stimule une certaine zone du cerveau. Mais à apprendre sans comprendre, on oublie vite.
Contrairement à l'idée reçue, nous utilisons cent pour cent de notre cerveau, par contre la plupart des gens ne l'utilisent pas à son plein potentiel, par manque de stimulation.

...

La méthode Feynman (Prix Nobel de physique) est une approche scientifique qui consiste à décortiquer rapidement chaque étape sur une feuille blanche pour faire ressortir l'essentiel. Il part du principe que l'élève doit être capable d'expliquer le plus simplement possible ce qu'il a compris à d'autres élèves, avec différentes façons de présenter pour que tout le monde comprenne.
Si on est capable de l'expliquer aux copains, c'est qu'on a bien compris le sujet.
La méthode Multi-âge favorise l'entraide, en mélangeant les petits avec les grands on tire les plus petits vers le haut et on responsabilise les plus grands.

Il existe une panoplie de méthodes qui ont prouvées leur efficacité.

...

Avant d'être des professeurs ou des parents, nous sommes des êtres humains avec des qualités et des défauts.
Nous devons les accepter et en tirer avantage, accepter nos émotions, prendre du recul et faire de notre mieux.

J'ai rencontré des profs extraordinaires, des pédagogues exceptionnels, des gens formidables qui m'ont montré, qui m'ont expliqué leur méthode, j'applique leurs conseils à ma façon. J'ai encore des faiblesses sur lesquelles je travaille. On en apprend tous les jours.

...

Les récentes études sur le cerveau sont formelles, on est presque tous capables de devenir des artistes, tous capables d'apprendre à transformer l'ordinaire en œuvre d'art.
Je dis presque car il y a des exceptions, certains n'ont pas envie de devenir des artistes et certaines personnes ont plus de difficultés à réussir que d'autres, je parle dans ce cas des « troubles dys ».
Exemple : Mon frère est dyspraxique, physiquement incapable de jongler ou de marcher sur un fil… Pourtant, il écrit des poèmes, donc c'est un artiste.

Notre cerveau est malléable, on dit qu'il est élastique, plastique… on peut le manipuler, dans le bon comme dans le mauvais sens. On parle de plasticité cérébrale, dans le sens de transformation.

Attention à ne pas mettre trop de pression sur la réussite, il y a beaucoup de violences éducatives en France encore aujourd'hui, physiques et verbales.
Beaucoup d'enfants ont subi des traumatismes de toutes sortes, la peur est bien plus présente dans le comportement de ces élèves.

Beaucoup de parents voient chez l'enfant l'image d'un animal sournois qui cherche le conflit. Alors que l'enfant est un être sensible aux suggestions, influençable, modelable, il est le reflet de son éducation.
C'est-à dire que l'on peut développer certaines parties du cerveau en pratiquant certaines activités, sous-entendu il

vaut mieux offrir un piano électronique à un enfant qu'un téléphone.

L'art est l'exemple parfait, il a été prouvé que la pratique de l'art était salutaire. C'est une forme de méditation qui stimule la concentration, la créativité, la confiance et l'estime de soi, c'est un exutoire…
Les activités manuelles diminuent le stress.
L'art favorise aussi le développement de l'intelligence… où devrais-je dire DES intelligences !
Tous les professeurs savent qu'il existe plusieurs types d'intelligence :

1. L'**intelligence** logico-mathématique.
2. L'**intelligence** verbo-linguistique.
3. L'**intelligence** musicale-rythmique.
4. L'**intelligence** corporelle-kinesthésique.
5. L'**intelligence** visuelle-spatiale.
6. L'**intelligence** interpersonnelle.
7. L'**intelligence** intrapersonnelle.
8. L'**intelligence** naturaliste écologique.

Cette liste résume bien l'idée que tout le monde est intelligent. Si vous pensez à une autre forme d'intelligence, il y a sûrement moyen de la caler dans l'une de celles-ci.

Beaucoup d'enfants ont pu développer plusieurs types d'intelligence à la fois grâce à un environnement propice à un développement… durable.
Les six premières années de l'enfant sont les plus importantes au niveau neuro-plasticité.

…

Le cerveau se détériore petit à petit dans la routine, un cerveau passif n'apprend pas, il se développe dans l'apprentissage de nouvelles choses, en sortant de sa zone de confort.

Les écrans nous apportent des choses nouvelles donc ils sont attirants, mais l'effet sur le cerveau est très variable en fonction de ce que vous regardez. Apprendre à faire une activité manuelle nouvelle est évidemment bien meilleur et bien plus stimulant pour le cerveau que de regarder n'importe quelle vidéo stupide.

Les connexions du cerveau deviennent plus efficaces, comme un muscle il devient plus performant avec de l'exercice. On est bien mieux armé face à la manipulation avec un cerveau bien entraîné, pour éviter de se faire pigeonner.
Comme dans la navigation, un bateau tangue quand il fait du sur-place, il est bien plus stable quand il avance.

Nous sommes victimes d'un ramollissement de la volonté par le divertissement. Les drogues (le sucre raffiné pour les enfants), les écrans, tout ce qui nous divertit attire notre attention, notre temps de cerveau disponible. C'est une forme de privation de notre liberté avec notre consentement.

...

Le simple fait de vouloir enseigner, de vouloir partager nos connaissances est vital pour certains, c'est instinctif chez moi, je fais partie de ces gens qui aiment expliquer aux autres, partager... je ne peux pas m'en empêcher.

Pour certains, c'est parfois trop dense, trop lourd.
C'est à nous de rendre la leçon intéressante... digeste... c'est à nous professeurs de garder cette envie de partager et de comprendre comment ne laisser personne en arrière.

Les nouvelles méthodes pédagogiques sont toutes en faveur de la solidarité, de l'inclusion et de la bienveillance.
J'espère que la nouvelle génération fera mieux que la précédente étant donné le bazar dans lequel on s'est fourré.

Nous sommes parfaitement imparfaits, donc chacun son rythme, faisons de notre mieux, et advienne que pourra.

6 La discipline

Éducation ne veut pas dire punition, cela veut plutôt dire explication.

Soyons clair ! Ce qui est grave c'est le risque d'effondrement de notre société, la famine, la guerre...
Le fait qu'un élève soit insolent ou turbulent... ce n'est pas grave.
Pourtant on réagit souvent de façon démesurée quand un élève nous manque de respect.
On prend l'attaque personnellement alors que ce n'est qu'une tentative d'attirer l'attention.

Les enfants ont tous besoin d'attention, il est bon de les regarder dans les yeux chacun leur tour sans oublier les rêveurs... et de donner plus de temps à ceux qui en ont besoin.

Capter l'attention et gérer l'imprévu c'est l'art de la pédagogie, chaque pédagogue à une méthode qu'il peut améliorer, affûter, personnaliser pour pouvoir s'épanouir dans ce métier.
Je suis toujours souriant ou presque. Les enfants sont drôles et on a le droit de redevenir un enfant quelques secondes pour attirer leur attention.
Mais quand il y a un manque de respect, il faut s'arrêter, le signaler à chaque fois si possible.

...

Froncer les sourcils, changer de ton... et en fonction de l'importance du manque de respect, on réagit plus ou moins de façon importante. Parfois on se met en colère de façon démesurée parce qu'on n'est pas d'humeur, cela perturbe les enfants, ils se souviennent bien de votre colère, donc il est préférable de la mesurer, ou de prévenir lorsqu'on est fatigué.

La communication non-violente c'est génial mais ça n'est pas magique. Nous sommes des êtres humains pleins d'émotions et on les canalise de notre mieux.
Les différentes méthodes sont des repères, des clés mais nous sommes notre propre arbitre, parfois même notre propre adversaire.

Avec la frustration de ne pas réussir à contrôler une situation, la colère peut pointer le bout de son nez... mais on prend une grande respiration et on cherche la meilleure chose à dire.
Attention, plus vous supportez bien les réflexions désobligeantes, plus vous êtes cool, plus vous risquez de libérer les bas instincts des enfants, paresse, orgueil, gourmandise...
Il y a beaucoup de choses sur lesquelles il faut être intransigeant.
Poser clairement les limites, le cadre, expliquer l'importance du règlement intérieur pour le bien commun. Traduire parfois ce règlement avec des mots plus triviaux, plus cool... mais pas trop !

Dans le cas d'un chahut trop bruyant, le fameux « Oh ! » exprimé de manière forte comme pour calmer un cheval, doit suffire pour calmer un groupe.
Suivi de « que se passe-t-il ? Ou « qu'est-ce qui t'arrive ? », pour donner la chance au conflit d'être résolu dans le calme.
Parfois une simple et rapide résolution de conflit ramène le calme, d'autres fois, il sera plus judicieux de remettre le dé-

bat à plus tard, pour pouvoir prendre du recul et parler avec l'élève seul à seul.

La posture enseignante est un terme qui désigne la méthode qui est propre à chacun-e .
Il y a un idéal à atteindre pour être le plus communicatif possible, posture physique, gestuelle, communication verbale et non verbale.

Garder son calme est le maître mot.
Mais pour être écouté et respecté, ça ne suffit pas.

Pour les enfants comme pour les adultes, il est important de se positionner à la hauteur de la personne, on évite de prendre de haut.
Quand on parle à un groupe, on doit être plus haut, parler plus fort que le groupe pour le diriger dans la bonne direction.
Et lorsque l'on se retrouve face à face, il est bon de descendre à la hauteur de l'enfant et de lui parler doucement pour être écouté correctement.

Si un élève se fait remarquer, c'est qu'il en a besoin... il faut lui donner de l'attention.
Parfois c'est long, il suffit de lui expliquer calmement qu'il monopolise l'attention.
Ok, ce n'est pas toujours facile... parfois, il insiste et il faut lui faire comprendre que l'on n'a pas le temps de l'écouter pendant cinq minutes, il faut avancer sur le sujet. On peut lui offrir deux minutes, trois... ? Vous en pensez quoi ? trois minutes, c'est trop ?

Si la discussion est hors sujet, on écourte le plus possible pour ne pas perdre de temps. (Il est important de rester à l'écoute tant qu'on reste sur le sujet de l'écologie.)

Se faire couper la parole est frustrant, évitons de le faire de façon désagréable, essayons de trouver le bon moment.
« Écoute, les autres aussi ont besoin d'attention, je voudrais vous transmettre mon message, je n'ai pas le temps de t'écouter dix minutes, tu raconteras ton histoire à la récréation s'il te plaît. »

...

Montrer de l'empathie envers ceux qui ont besoin de s'exprimer, d'après moi c'est important, ça demande de la patience, parfois du lâcher prise...
Mais j'insiste, pour être « exemplaire », nous devons être à l'écoute.
Si on veut qu'ils nous écoutent, il faut les écouter.

La bienveillance prime sur le cours d'écologie ; il faut perdre du temps parfois pour calmer une situation. Montrer l'exemple, être à l'écoute, plutôt que de vouloir absolument finir le cours complètement.
Si après une séance bien passée, vous rappelez les conclusions dans le calme, le message passera.

...

J'ai rencontré beaucoup de gens avec des vies extraordinairement tristes, du coup, j'ai développé mon empathie. Rares sont ceux qui peuvent me mettre en colère. Je ressens leur souffrance, j'imagine le pire et je n'arrive pas à leur en vouloir.

La colère est un signe de faiblesse. Elle est parfois légitime, parfois on à toutes les raisons de se mettre en colère, et parfois on exagère.

Chaque attaque que l'on perçoit est un appel à l'aide, le manque de respect ou la colère expriment toujours une souffrance.

Selon le sujet et selon l'élève, ce n'est pas évident et je ne peux que vous encourager à faire de votre mieux.

« Chaque jour, un regard nouveau sur l'enfant ». Ça marche aussi avec les adultes et c'est très bon pour vos relations sociales...

Chaque jour, avoir un regard nouveau sur le monde est une façon de se concentrer sur l'instant présent.

Le passé est passé, comme dit la Reine des neiges !!!

Bref la discipline, c'est comme vous l'entendez. Ne vous laissez pas marcher dessus. Exprimez-vous et laissez les élèves s'exprimer.

L'art sert à exprimer des choses...

Pour faire apprécier l'écologie, il est important de laisser un bon souvenir, notre cerveau fait des associations. Quand une émotion forte ou « négative » est liée à un sujet, on a tendance à associer les deux. Et il faut parfois du temps pour débloquer une connexion négative.

Donc mollo sur la discipline, on tente l'approche non violente.

On reste cool.

Finalement, d'après moi la colère n'est utile que lorsqu'il y a un danger imminent.

Quand un enfant cherche la limite de votre patience, il est plus judicieux de la lui montrer rapidement sans colère.

La vulgarité n'est pas permise en classe, certains élèves se permettent des familiarités, des gros mots...

Je conseille de ne pas laisser passer, ni d'ignorer (à moins que vous ne travailliez en ZEP, je suppose).

Si un enfant utilise un langage inapproprié, c'est pour se faire remarquer.

On peut lui dire qu'« il y a d'autres moyens de se faire remarquer », « à l'école, on est ici pour apprendre à vivre en société, la société va mal parce que trop de gens se disputent ».

La vulgarité ce n'est pas grave, mais c'est important de ne pas l'ignorer, ça n'a pas sa place en classe, c'est contre-productif.

Pour les plus insolents, il reste l'option de le mettre au premier rang pour pouvoir le surveiller, ou au fond, tout seul, pour éviter qu'il ne perturbe les autres.

C'est un choix à faire en fonction de la situation.

J'ai demandé une fois à toute la classe de regarder attentivement le trublion et de l'admirer pendant quelques secondes, pour satisfaire son besoin d'attention.

Il était mal à l'aise mais ça a fonctionné, avec le recul, je me dis que j'étais dans l'humiliation, donc je ne le referai pas.

…

Pour les bavards, leur demander s'ils ont quelque chose de vraiment pertinent à partager, leur faire remarquer qu'ils ne sont pas seuls à vouloir de l'attention.

Mettre en évidence le manque de respect, souligner l'arrogance ou la maladresse de certains est bon pour toute la classe.

Leur expliquer qu'être gentil est dans leur intérêt, que plus on donne de respect, plus on en reçoit.

L'éducation dans la bienveillance permet aux enfants de voir la meilleure façon de communiquer, de voir son efficacité... leur donner envie d'être bienveillants. Si on hurle facilement, on ne montre pas le bon exemple.

7 Politique environnementale

Au risque de plomber l'ambiance toute légère que j'ai installé depuis le début, nous allons devoir parler politique.

« Il ne faut pas compter sur ceux qui ont créé les problèmes pour les résoudre »
A. Einstein

Je rappelle que le mot politique signifie : « gestion de la vie de la cité ».
Nous vivons en communautés, et pour faire cohabiter tous ces gens très différents, il faut bien une organisation.
Même dans l'anarchie, contrairement à l'idée reçue, il y a de l'organisation. C'est indispensable, sinon, c'est le Far West !!!
Il existe donc plusieurs façons de s'organiser dans une cité.
Au dernières nouvelles nous sommes en démocratie (du grec ancien dêmos, qui signifie « peuple » et kratos, « le pouvoir » donc littéralement « Le pouvoir au peuple »), qui s'oppose à la dictature qui signifie q'une personne ou un groupe de personnes commande et prend toutes les décisions. La nuance est plus ou moins fine, environ 49,3 centimètres !

Quand un élève me demande pourquoi les politiciens ne changent pas les choses, je lui présente le principe de pyramide qui est responsable de la corruption, pour résumer trivialement je dirai que c'est une histoire d'argent, polluer rapporte des milliards.
En face de cette pyramide, je présente le principe de gouvernance circulaire, appelée aussi gouvernance partagée. C'est une approche assez simple à expliquer aux plus jeunes.

Je leur explique simplement que nous votons tous les cinq ans pour des élus en haut de la pyramide qui prennent les décisions à notre place. Alors qu'il serait possible de voter directement nos lois comme le fait la Suisse, et on pourrait même faire mieux que la Suisse en faisant des efforts, quelques « petits » efforts.

Notre système tout entier est alimenté par des machines, les ressources qui font fonctionner ces machines sont limitées, et il faut les « partager » avec les voisins. Ce sont les décisions politiques et industrielles qui gèrent l'approvisionnement en énergie de chaque pays plus ou moins équitablement.
Le climat, la biodiversité, les océans sont des biens communs d'une valeur estimable. Quand il n'y aura plus de poissons dans les océans (vers 2050 si rien ne change) nous savons à peu près combien d'argent le secteur de la pêche va perdre. Nous sommes donc en train de voler l'avenir de nos enfants.

...

Il est dans notre intérêt de bien avoir conscience que la valeur de l'argent est un consensus, les banques créent de l'argent grâce au travail des citoyens, et grâce à la vente de nos marchandises.
Quand on fait un prêt, l'argent est créé de nulle part « Ex-nihilo », la banque ne prête pas son argent, elle le crée.
Donc la dette dont on entend si souvent parler n'est pas un problème concret, c'est un problème virtuel. Par contre, quand l'ONU déclare que l'humanité toute entière est en danger, on peut dire qu'il y a un vrai problème bien concret.

L'argent des caisses de l'État provient de la collecte des impôts et taxes qui payent nos services publics et subventionne des entreprises privées (Pharmaceutiques, Agro-alimentaire...) même les plus polluantes, nous donnons donc le fruit de notre travail à des escrocs.

Par exemple, notre gouvernement vient d'investir dans une centaine de véhicules blindés anti-manifestants, alors que notre flotte de Canadair est constituée de douze avions. Les priorités ne sont pas les mêmes pour tout le monde, l'argent public n'est pas souvent utilisé pour le bien commun.

Autre exemple, La PAC (Politique Agricole Commune) est une subvention allouée en majorité aux gros producteurs qui nourrissent le pays, pour leur permettre d'acheter les terres des voisins et d'épandre des tonnes de produits chimiques. L'argent public sert également à dépolluer l'eau et les terres dégradées par ces mêmes produits ainsi qu'à soigner la population des méfaits de ces poisons.
Un cercle vicieux qu'il est urgent de briser.

...

La privatisation de la monnaie, de la défense, de l'eau, des autoroutes, de la santé... sont des choix politiques peu judicieux, la nouvelle réforme des retraites est un scandale, les violences policières honteuses...
Notre démocratie va mal, on nous prend pour des faisans.
Le profit de l'industrie et de ses actionnaires passe avant tout, beaucoup de politiciens ont des actions, des parts dans des entreprises, et défendent leurs intérêts financiers personnels avant le bien commun.
Les marchés financiers et les dividendes battent des records chaque année. Une destruction de notre environnement mondial pour le profit de quelques-uns. Les transactions financières de ces millionnaires ne sont taxées qu'entre 0,01

et 0,3 % quand nous sommes tous soumis à la TVA entre 5,5 et 19,6 %.

Les premiers à souffrir sont les plus pauvres… Donc les dirigeants ne s'inquiètent pas trop, pourtant il est possible que la race humaine soit vraiment en danger.
A cause du réchauffement climatique, on prévoit un milliard de réfugiés climatiques pour 2050, deux milliards de plus en 2100.
Allons-nous faire face dignement à cette crise climatique ?

Le taux d'abstention grimpe, les « personnages » politiques apparaissent comme des marionnettes guidées par l'argent. La confiance dans le gouvernement s'évapore comme des glaciers sous la canicule !
Les dirigeants en place ne gouvernent pas par la force mais plutôt par la ruse, une forme de dictature finalement, mis à part le fait qu'on a le droit de se moquer de nos dirigeants allègrement.

…

Comme un magicien vous donne l'illusion que vous êtes attentifs, le dirigeant se sert de votre cerveau pour vous tromper, il divertit votre attention pour se moquer de vous. En agitant un foulard musulman par exemple, en mettant des tablettes à l'école…

« Un peuple diverti est un peuple consentant »
Le divertissement est indispensable à l'épanouissement, au bonheur.
Les écrans sont en train de prendre le pas sur les loisirs simples, source de satisfaction rapide, ils sont très addictifs pour certains…

Une source d'information incroyable, mais en fonction de l'utilisation que l'on en fait, les dégâts peuvent être importants.

Les shoots de dopamines que nous apportent le sucre, la clope, ou Netflix… nous rendent dépendants de ce système, de ce fait la plupart de ces dépendances nous rendent apathiques face à la domination politique.
De peur de perdre notre petit confort ou notre drogue, notre inconscient se laisse manipuler doucement.

…

Les médias dominants, qui appartiennent à des milliardaires, ressassent les mêmes problèmes d'insécurité depuis toujours, la protection de l'environnement passe trop souvent en second plan, il y aurait pourtant bien des choses à dire et à expliquer aux citoyens. Nous sommes divisés, encouragés à critiquer le voisin, par toutes sortes de mauvaises influences au lieu d'être encourager à agir ensemble.

Chaque année environ dix milliards d'euros d'aides sociales ne sont pas réclamées, la fraude sociale équivaut à sept milliards par an, un bilan positif de trois milliards.
Alors que la fraude fiscale peut dépasser 100 milliards par an juste en France.
Une trop grande partie de la population accuse les pauvres de profiter des aides sociales, alors qu'elles sont un droit légitime. Il est prouvé par plusieurs études que les gens qui reçoivent des aides font de leur mieux pour s'en sortir (Esther Duflo, Prix Nobel de l'économie).
Quelques cas particuliers de petits fourbes qui profitent du système font mauvaise presse à tous ceux qui en ont vraiment besoin et qui s'en servent à bon escient.

La fraude fiscale est beaucoup plus importante, ce sont des milliards qui sont volés par des personnes qui sont déjà ultra-riches.

Si on voyait plus de justice aux infos, on serait probablement inspirés.
Au lieu de ça, nous avons droit à un matraquage médiatique obscène, une diversion, un subterfuge, une course à l'audimat... On nous cache les vrais problèmes, on les minimise, et on met à l'honneur tout ce qui peut diviser la population.
Nous avons tendance à nous laisser emporter par la propagande médiatique.

Heureusement les mentalités évoluent, on est de plus en plus informés sur les techniques de manipulation. Le voile se lève sur les complots, il est venu le temps de la vérité. Faire confiance à son intuition, développer son esprit critique, communiquer correctement, éviter les suppositions, les amalgames, les raccourcis... sont des habitudes à prendre.

Apprendre à se taire aussi, c'est très utile en politique comme dans la vie de tous les jours, trouver le bon moment pour dire les choses...
Comme dans une partie d'échec, le joueur en face a souvent un ou plusieurs coups d'avance. Le pouvoir en place a anticipé tous les scénarios possibles, c'est pourquoi on devrait se préparer à toutes les éventualités nous aussi.

...

Quand on parle de décroissance, on ne fait pas rêver grand monde, mais la croissance est à la racine de notre problème, il semble que les économistes ne sachent pas comment gérer une décroissance.

Nous avons plutôt besoin de développer la joie de vivre.

La France championne dans la consommation d'anti-dépresseurs, il est bien connu que les biens matériels ne mènent pas au vrai bonheur.

Alors quelle croissance veut la majorité ? Le PIB ? Ou le bien-être ?

La bienveillance, la justice, le respect, notre résilience… doivent continuer de croître, nous avons conscience de la dictature des marchés financiers, cette main invisible qui nous pousse à consommer.

Nous sommes l'Etat.

On dit souvent « l'Etat a fait ci, l'Etat a fait ça », alors que nous, tous les français, nous représentons l'état français et les dirigeants sont nos employés à notre service, payés par nos impôts.

Nous sommes en démocratie, officiellement, même si notre démocratie paraît souvent comme une illusion, nous avons le devoir de la défendre.

Le défi de notre génération est simple, tout changer, ou presque.

Des milliers de milliards ont été investis dans les énergies renouvelables et la transition, mais les éoliennes ou les voitures électriques ne changent presque rien, elles décalent le problème sans le résoudre.

Les ressources deviennent plus rares, certains têtus refusent de comprendre qu'il est temps d'arrêter le massacre.

Notre vision de l'avenir doit converger vers quelque chose de durable, de logique, un système propre, la prospérité en harmonie avec notre environnement tout en gérant les différents conflits d'intérêts.

Si un seul pays décide de continuer dans la mauvaise direction, on risque tous de chauffer...

Lui fera-t-on la guerre ?

Il est très important de garder son sang-froid face à ce genre de question. Pour ce qui est de l'information aux enfants il faut avoir des réponses à tout ou bien savoir dire « je ne sais pas ».

Les enfants ont de la répartie, certains parents pessimistes ont des réflexions pertinentes qu'ils communiquent à leurs enfants et, évidemment, en tant que professeur on a le devoir de répondre à un enfant pessimiste par de l'espoir... ou de dire que l'on ne sait pas, tout en paraissant optimiste.

Combien d'histoire ou de film ont pour morale « l'homme est un loup pour l'homme » ?

Ce n'est pas une vérité absolue, c'est juste une citation...

L'homme est aussi et avant tout bienveillant et pro-social de naissance, c'est son environnement qui le rend méfiant et parfois malveillant.

Nous avons besoin des autres, de coopération, de coordination pour bouleverser notre système de manière rapide et durable. La compétition doit cesser, il est venu le temps de l'entraide, ce qui est indispensable à la vie ne devrait pas être soumis au marché et ses mégaprofits.

...

Pourrait-on les renverser, les détrôner, destituer notre président ?

Sont-ils vraiment protégés par l'armée ?

Par qui les remplacer ?

Ne pourrait-on pas trouver un consensus ? Un compromis, organiser la sobriété pour tout le monde, dans le respect de ceux qui n'ont rien.

La solidarité est très importante en temps de crise, et nous sommes en crise depuis bien trop longtemps, se serrer les coudes est compliqué quand le gouvernement gaspille et encourage l'individualisme.
Diviser pour mieux régner, divertir pour manipuler, mentir, se contredire, dissimuler, filouter… Ils ne se cachent même plus.

Le gouvernement a été accusé et jugé coupable d'inaction climatique par plusieurs associations et fondations. Macron a répondu je cite : « ça ce n'est pas moi ! C'est les autres d'avant »
Alors que si les émissions de GES ont baissé sous son premier mandat, c'est uniquement grâce au confinement.

Récemment de nouveaux gisements de pétrole ont été découverts, en Alaska, au Mexique, en chine... et pour le climat nous avons intérêt à le laisser dans le sol.
Chaque jour, ce sont cent millions de barils qui sont brûlés dans le monde.
Il faudrait peut-être penser à mettre cette ressource de côté, pour le jour où on aura trouvé un moyen de l'exploiter sans détruire l'environnement, avec parcimonie.

…

Il y a une partie d'échec aussi entre les différents dirigeants des pays, où plutôt une course à l'échalote comme on dit, ils ne regardent pas les dégâts causés par leurs conflits.
La compétition, la lutte des classes permanente, le racisme, la croissance sans limites de l'économie … entravent le bon fonctionnement de notre système économique mondial.

Nous avons tous les outils pour faire les choses bien, et on cafouille de partout !

Les lobbies font pression, nous mettent des barrières et la « viscosité » de l'administration nous empêche d'avancer rapidement.
Une économie circulaire est le modèle idéal, une économie de la santé, du bien-être, une économie de la connaissance, tout ça est possible, c'est notre but à atteindre pour respecter les accords de Paris.

Quel pays est dans la bonne direction au niveau du respect de ses habitants et de son environnement ?
La géo-politique est la gestion des relations internationales, et ... Indéniablement certains pays gèrent mieux que d'autres leur transition.
Nous allons faire un petit tour du monde rapide sur le thème de l'écologie.
Sachant que je ne sais pas tout évidemment, il y aurait beaucoup à ajouter mais je trouve ces infos pertinentes :

Nous avons sur notre jolie planète des bons élèves, des moins bons et des éléments perturbateurs.
Il est compliqué de faire un classement du meilleur au plus mauvais, car cela dépend beaucoup de votre vision du monde, de ce qui est important pour vous.

Nous prendrons l'exemple du Bhoutan, petit pays d'Asie qui a décidé de vivre en harmonie avec la nature tout en gardant une part de technologie. C'est un petit pays, donc plus facile à diriger dans la bonne direction.
De plus, son relief et ses ressources lui permettent d'avoir beaucoup d'énergie hydraulique, l'énergie la plus propre qui soit.
Ce petit coin de paradis a poussé le bouchon très loin dans l'harmonie... cent pour cent renouvelable, bio, et solidaire... ils ont même inventé le BNB « Bonheur National Brut » en

référence au PNB... pour valoriser le bonheur de ses habitants, plutôt que le profit.
Un pays plus que respectable puisqu'il absorbe trois fois plus de CO_2 qu'il n'en émet.

On pourrait le mettre en premier de la classe car c'est un exemple sur le papier. Je ne l'ai pas visité, donc je garde mes réserves.
Pour aller d'un extrême à l'autre nous parlerons du Qatar, qui est le royaume de la consommation, du luxe... de la démesure, quatre fois plus petit que le Bhoutan, c'est l'élément perturbateur par excellence.
Les Qataris consomment, en moyenne par habitant, plus que tous les autres habitants du monde.
Ils sont à la pointe de la technologie et du confort, ils aiment le luxe et ils consomment allègrement sans se soucier des conséquences.
Plus de six mille morts pour la construction d'un stade, un gazon climatisé au milieu du désert, ils sont complètement « hors sol », ils n'ont pas les pieds sur terre.
Comment peut-on raisonner le dernier de la classe ?

Imaginez une classe remplie de dirigeants qui expliquent chacun leur méthode pour diriger un pays. Si on se compare au dernier de la classe, on se sent incroyablement fort ! Il vaut mieux regarder ceux qui réussissent, suivre ceux qui prennent les bonnes décisions, même si le dernier est cool, ce n'est pas un exemple à suivre, nos dirigeants ne sont plus des ados.

La plupart des dirigeants sont en retard, pas pressés de perdre leurs privilèges de pollueur, ils sont « perdus dans leurs papiers », ils ont peut-être l'impression de faire de leur mieux, mais c'est loin d'être suffisant pour respecter les accords de Paris, et il faut bien se rendre compte que tous les pays n'ont pas signés.

Faisons l'avocat du « diable », les dirigeants ont le sort de l'humanité entre leur main, et c'est tellement de poids sur leurs épaules que certains deviennent fous. C'est même une maladie, une maladie qui touche la plupart des gens très riches, les psy appellent ça « l'hubris », pour résumer c'est la perte de l'empathie et la consommation démesurée de luxe, une sorte de complexe de supériorité.
Autre excuse que l'on peut leur trouver : ils sont peut-être menacés de mort ou de guerre par des personnes plus puissantes qu'elles…
Mais dans ce cas-là, ce serait une raison de plus pour responsabiliser la population.

…

Entre ces deux extrêmes, il y a toute sorte de pollueurs, nous avons bien sûr les États Unis, comme l'ont dit les présidents Bush et Trump « le train de vie des américains n'est pas négociable ».
Ce qui, étant donné leur nombre, est très inquiétant.
L'arrivée de « Joe Robinette Biden » semble être une bonne nouvelle pour le climat, mais qui est cet homme au prénom bizarre !? Un autre bonimenteur ?

La ville de Détroit est exemplaire dans son mode d'agriculture urbaine, plus de mille six cents micro-exploitations agricoles ou jardins communautaires y prospèrent en permaculture ou agriculture biologique. Après une crise économique puis sociale très difficile, ils se sont retrouvés dans l'obligation de produire leur nourriture pour survivre.
Les fast-food étaient la seule nourriture accessible, l'obésité a augmentée, donc les habitants se sont mis à jardiner.

Jardiner ensemble est un acte solidaire, social, salutaire, humain et évidemment écologique qui tend à se répandre dans différents pays du monde.
Il y aurait bien des choses à dire sur chaque pays, je resterai bref.

L'Inde, c'est un des gros pollueurs de l'océan entre autres choses, des tonnes de déchets sont déversées dans les rivières et finissent dans les mers et les océans, par contre l'extrême pauvreté induit une consommation par habitant très faible. La politique environnementale est aussi très mesurée alors que d'après certaines études l'Inde est le pays qui devrait souffrir le plus du réchauffement climatique.

La Chine pollue aussi beaucoup, surtout par l'exportation...
Il est important de prendre conscience que nous demandons aux autres pays de polluer pour nous, que certaines entreprises délocalisent pour éviter les contraintes environnementales des lois françaises, la main d'œuvre est moins chère, les matières premières aussi, et les lois sont plus souples dans beaucoup de pays.
La pollution traverse les frontières. Chez nous, le made in France commence tout juste à avoir la côte, mais pour les Chinois, le made in China est une évidence depuis toujours.
La relocalisation devient inévitable, on parle d'ajouter une mention « zéro kilomètre » sur les produits locaux.
Il serait probablement plus efficace de commencer par augmenter les taxes des produits importés, non ?

Le Canada, les USA, la Chine et la Russie vont voir leurs rendements augmenter avec les températures, tandis que l'hémisphère sud va subir la sécheresse.

La Russie est le plus vaste pays du monde, plus de la moitié de la surface du territoire y est gelée, c'est une grosse partie du permafrost. Cette bombe climatique commence à dégeler, produit des tonnes de gaz à effet de serre, et cerise sur le gâteau, il renferme des carcasses d'animaux qui portent des virus dangereux et inconnus au bataillon (Seul point positif est que la Terre congelée pourra bientôt capter du carbone par la végétation).

La politique y est toujours axée sur la croissance, et pas très claire au niveau de l'environnement. L'économie russe est dépendante de ses exportations d'énergie fossiles. Par contre la population y est bien informée, plutôt solidaire sur le plan social et comme dans tous les pays, il y a beaucoup de changements en cours.

Il y a un exemple très intéressant sur l'île de Cuba, les pesticides y sont interdits, l'embargo américain ayant poussé les Cubains à l'autonomie, ils ont interdit la publicité et ils ont créé un peu partout des potagers urbains en permaculture.
Le Costa Rica quant à lui paye ses habitants pour planter des arbres et prendre soin de la nature depuis plus de vingt ans, encore une idée qui mériterait de se généraliser partout dans le monde.

Les pays du nord de l'Europe ont beaucoup d'avance sur le respect de leur environnement, avec trois habitants au kilomètres carrés c'est plus simple. Le Danemark, la Suède, la Finlande, la Norvège et l'Islande sont des petites populations qui ont une politique à taille humaine, pas de corruption apparente, les lobbys ne semblent pas avoir beaucoup d'impact sur le gouvernement.
Leur énergie est essentiellement produite par hydroélectricité et géothermie.
De plus le gouvernement suédois s'affiche clairement féministe, le système d'éducation est très différent, plus proche de la nature, une approche basée sur la solidarité, l'empathie

et la liberté. Un système très inspirant qui a fait ses preuves dans le durable.

L'Islande quant à elle a réussi à juger ses politiciens corrompus pour mettre en place une politique nouvelle, une idée aussi très inspirante.

…

Il semblerait que la France fasse partie des mauvais élèves.

Récemment, notre Monarc « champion de la Terre », a décidé de lever le pied sur les contraintes écologiques ; il semblerait que le titre de champion lui ait fait peur.

Un titre qui n'est pas mérité de toute évidence puisqu'il ne respecte pas les engagements de réduction des émissions pris aux accords de Paris.

C'est un accord signé par 195 nations en 2015, qui a pour but de maintenir en dessous de deux degrés la température moyenne mondiale par rapport au niveau pré- industriel. Les récentes études sont très pessimistes, nous avons peu de chance de rester sous la barre des 2,5 d'après les simulations pour 2050.

Et 2050, c'est la date à laquelle nous sommes censés atteindre la neutralité carbone, c'est-à dire polluer juste ce que la planète est capable d'absorber. Un objectif peu ambitieux étant donné le côté imprévisible des changements climatiques et le fait que la température sera très variable en fonction des endroits et de la végétation.

Cela fait plus de quarante ans que les écologistes parlent du réchauffement climatique et cinquante ans que l'on parle de la raréfaction des ressources. Tout a commencé concrètement avec le rapport Meadows commandé par le Club de Rome dans les années soixante-dix. Appelée « Les limites de la croissance », c'est une étude qui prévoyait précisément ce qui s'est produit jusqu'à aujourd'hui et qui annonce un effondrement du système économique mondial avant 2030.

Le club de Rome était un groupement de scientifiques, économistes, et fonctionnaires de cinquante-deux pays, ils ont fait des simulations des différents scénarios futurs possibles, en prenant en compte surtout la croissance économique et la limitation des ressources.
L'étude en a conclu la prévision d'un effondrement écologique, économique et social ou alors un très gros changement de modèle économique mondial qui n'a pas eu lieu.
Ils avaient programmé une pénurie de pétrole à partir des années 2000, malheureusement, il en reste plus que prévu.

...

Notre mode de vie n'est pas durable, l'humain est en train de changer le climat, nous sommes entrés dans une nouvelle ère, celle où la race humaine est devenue tellement dangereuse qu'elle est en mesure de s'autodétruire, cette époque géologique se nomme « l'Anthropocène ».
Nous avons déjà gagné plus d'un degré de température moyenne mondiale depuis le début de la révolution industrielle.
Si on arrêtait de polluer demain, cette température moyenne continuerait tout de même de monter quelques années, l'absorption du CO_2 prend du temps, les océans chauffent ils mettront des milliers d'années à refroidir, les incendies ne s'arrêteront pas tout seuls...

On se rend compte ces dernières années de l'importance d'un degré de plus, donc chaque dixième de degré compte.

On peut déclarer aux enfants sans s'avancer que les décideurs politiques ne sont ni raisonnables, ni prudents, qu'ils ne sont pas responsables…
Ils rejettent la responsabilité sur les uns et les autres comme des enfants, « ce n'est pas moi qui ai commencé ».

…

C'est la France qui nous intéresse le plus donc nous allons en parler.
Plutôt qu'une course au profit, un concours de celui qui a la plus grosse voiture, nous aurions bien besoin d'une course à la baisse de CO2, nouvelle donne, nouvelles règles !
La France est la septième puissance économique mondiale.

En 2018, Monsieur Macron lance une « Convention citoyenne pour le climat » qu'il organise avec Cyril Dion (co-réalisateur du film « Demain » et activiste écolo), un super héros des temps modernes.

Dans le cadre de cette convention, ils organisent un tirage au sort de cent cinquante citoyens au hasard pour proposer des mesures concrètes pour réduire nos émissions.
Les cent cinquante volontaires ont étudié l'écologie avec les spécialistes de chaque domaine ; ils se sont concertés, ils ont débattu pour sortir des projets de loi visant à réduire notre bilan carbone.
Et ils ont pondu pas moins de cent quarante-neuf propositions.
Après lecture approfondie des propositions, notre trop cher président a félicité les tirés au sort pour leur travail, les a remerciés en disant qu'il allait s'en occuper.
Et à notre grande surprise sort la nouvelle loi climat, qui déçoit tout le monde, sauf les lobbies.

Comme l'a déclaré Nicolas Hulot en donnant sa démission, la pression des lobbyistes sur le gouvernement est évidente et même clairement affichée.

Rahhhh la politique !!!
L'argent, le pouvoir ... corrompt, depuis toujours.
Si on partageait mieux, on pourrait tous vivre confortablement. Mais la lutte des classes persiste. Certains ont le droit de polluer plus que d'autres... Certains vont même jusqu'à penser que c'est important que les pauvres aient faim ! Pourquoi tant de haine ?
Nous vivons dans un système en forme de pyramide où ceux qui sont en bas sont méprisés par ceux du haut qui les gouvernent et vice-versa.
Au siècle passé, les machines ont remplacé les esclaves, et si les machines n'ont plus de carburant, que va-t-il advenir ?

...

Ceux qui pensent que c'était mieux avant devraient revoir leurs cours d'histoire, beaucoup de choses ont évolué dans le bon sens... la médecine, les sciences, la communication, l'éducation, la compréhension de la nature, la cuisine...
« On rame » mais on avance. Notre génération à développé des systèmes de coopération très efficaces, nous sommes de plus en plus doués dans le vivre ensemble et les règles du collectif.
On a toutes les raisons de se réjouir... il y a des solutions à tous les problèmes.
Les humains aiment les problèmes, ils passent beaucoup de temps à créer des problèmes... probablement pour faire plaisir à ceux qui aiment les résoudre !

Nous sommes presque tous responsables du problème environnemental par nos choix, notre consommation, nos envies

de confort, en sommes nos mauvaises habitudes. Moi le premier : je vais travailler en voiture, une fois par an je vais à Paris pour voir la famille… le prix du train est inaccessible et les transports en communs ne sont pas assez pratiques pour l'instant.
Cela dit, je suis capable d'aller travailler à vélo, et je pourrais prendre le train pour Paris, y aller un peu moins souvent, rien de dramatique, c'est faisable… J'y pense.

Nous avons tous de l'influence sur les gens autour de nous, chaque mauvaise décision que l'on prend influence notre entourage. « L'exemple est la seule façon de convaincre », être irréprochable ou presque serait donc la seule façon de partager ce message de sobriété, faire de son mieux chaque jour.

Quand on dit « profite de la vie, on ne sait pas de quoi demain sera fait » on a raison. Profiter de la vie c'est important mais si c'est au détriments des autres… ça lui donne un goût amer.
Il existe des tonnes de façons de profiter de la vie sans polluer, sans faire de mal à personne, malheureusement trop peu d'exemples dans les médias.

…

La bienveillance en politique, est-ce que ça existe ?
Sûr que oui !
Il existe des politiciens intègres, et il y a une part de bienveillance en chaque être humain, plus ou moins importante évidemment.
Personne n'est à cent pour cent méchant (sauf exception pour confirmer la règle).
J'entends souvent dire, « la compétition est un fléau », la coopération serait donc LA solution à tous nos problèmes ?

La place trop importante de la compétition dans notre système rend la coopération moins facile. Mais la compétition semble faire partie de la nature humaine, elle nous pousse à donner le meilleur de nous-mêmes.
Si nous faisions la course à celui qui pollue le moins, ce serait bienveillant et efficace.

...

Libre à vous de croire que les gens qui ont du pouvoir sont tous vilains ou « super vilains », cela dit nos pensées et nos croyances ont un impact sur eux, ils sont influencés par notre mépris et notre colère.
La notion de bien et de mal, vous le savez sûrement, est très subjective.
Elle est différente pour chacun et elle est souvent différente entre les classes sociales, il y a toutes sortes de bonnes et de mauvaises personnes à tous les niveaux et dans toutes les religions (même chez les satanistes).

...

L'existence d'un réseau pédo-criminel ne fais aucun doute, certains politiciens ont affirmé leur goût prononcé pour les rapports sexuels pédophile, on trouve des aveux en vidéos sur le net, des témoignages en veux-tu en voilà... Il y a plusieurs films et séries qui dénoncent les dérives des adorateurs de Satan, des sacrifices humains, des kidnapping, du trafic humain... Aujourd'hui, environ deux millions d'enfants sont victimes du traffic humain dans le monde, une abomination. Des fous ou des illuminés qui se prennent pour de grands sorciers.
Je vous encourage à vous faire votre propre avis sur la Franc maçonnerie et les Illuminati (les reptiliens, extraterrestres... allons bon).

Ce sont des sujets captivants, à vous de séparer le bon grain de l'ivraie.

D'après mes recherches, des milliers d'enfants sont vendus chaque jour, réduits à l'esclavage, maltraités, traumatisés, violés… partout dans le monde et par rapport à ça, nos petits problèmes ne font pas le poids.
On peut et on devrait s'indigner devant la souffrance animale, mais n'oublions pas que les humains sont torturés eux aussi, cela pousse à relativiser.

Nous faisons face à un dilemme important, faut-il sauver les générations futures ou concentrer nos efforts pour sauver les enfants qui souffrent, sachant que si on les sauve, ils vont très certainement vouloir consommer la même chose que nous. Faut-il sortir les pays en voie de développement de la misère ?
Faut-il donner de l'électricité à tout le monde quand on sait que les ressources sont épuisables ? Nous demandons à des pays pauvres de ne pas trop se développer, c'est comme demander à un sans-abri de manger moins de viande. Pour eux, le développement est une question de survie alors que pour nous c'est souvent une question de confort superflu.

On peut imaginer que l'humanité est en pleine crise d'adolescence, que nous devrions sortir du matérialisme et nous diriger vers l'humanisme... Grandir en somme.
Après des siècles de chaos et de conflits, nous pourrions tous vivre en harmonie dans l'égalité, nous avons tous les outils pour le faire.

…

Qu'allons-nous faire de notre vie, cette précieuse vie qui nous a été donnée, allons-nous passer, dépenser notre temps à enrichir des multinationales ?
Pour certains la vie est un jeu, pour d'autres, c'est un calvaire. Quel que soit notre niveau de vie, nous traversons tous des épreuves, tout est relatif, être né dans une famille aisée donne-t-il le droit d'être égoïste ?
Certaines personnes s'épanouissent dans leur travail, mais la plupart souffrent pour le profit des actionnaires et des patrons.

Il semblerait que la valeur travail ait été inventée pour encourager à apprécier ou supporter un travail pénible. Probablement aussi pour justifier la consommation abusive des personnes qui profitent du labeur des autres. Les machines nous ont fait gagner en productivité, mais tous les gains sont allé dans les poches des actionnaires.
La vie pourrait être simple, mais une bande de sociopathes nous a fait croire que la croissance était indispensable, qu'il fallait consommer nos ressources le plus vite possible ! Foutaises !
Nous en avons besoin pour trouver l'harmonie.

Ils ont réussi à convaincre des millions de gens qu'ils devaient souffrir pour leur bien, travailler plus pour consommer plus…
Alors que les études le prouvent : consommer plus ne rend pas moins malheureux.
C'est un leurre, une carotte au bout d'un bâton, une croyance inculquée par la pub, notre cerveau est sensible aux publicités mensongères, la dopamine sécrétée par l'achat nous fait du bien, mais à quoi sert la publicité pour le monde de demain ?

Les fous qui dirigent notre monde sont dans un cercle vicieux et ils veulent nous entraîner dans ce cercle avec eux.
Ne nous laissons pas embobiner, la croissance verte n'est même pas souhaitable, une décroissance ou une A-croissance prudente et humaniste sont les bienvenues.

…

Un jour, un homme d'affaires vient voir un pêcheur, et lui demande :
• Qu'est-ce que tu fais de tes journées ?
• Eh bien je pêche un peu sur mon bateau, je passe du temps avec ma famille et le soir, je joue de la guitare et je bois des coups avec les copains.
• Tu sais que si tu pêchais plus, tu pourrais acheter un gros bateau, tu pourrais pêcher beaucoup plus de poissons et le vendre sur le marché. Avec cet argent, tu pourrais payer des gens pour pêcher à ta place, pêcher encore plus de poisson et comme ça tu pourras passer plus de temps avec ta famille, jouer de la guitare et boire des coups avec les copains…
• Mais … moi, j'aime pêcher.

…

Il existe des boulots ingrats, des tâches difficiles, des responsabilités à prendre, et chaque personne est capable de trouver sa place, et pourquoi pas d'avoir plusieurs places.
Le progrès peut être synonyme de prospérité, on pourrait répartir les tâches difficiles et désagréables à tout le monde ou alors mieux payer en fonction de la pénibilité. Les privilégiés garderont des privilèges.

On est gouvernés par des pistonnés, des vendus qui ne méritent pas leurs privilèges, étant donné qu'ils n'effectuent pas leur travail correctement.

La démocratie est une belle invention, à quelle heure la met-on en application ?

Il existe d'autres moyens de redonner le pouvoir au peuple.
« Le tirage au sort » des gouvernants parmi des millions de volontaires semble être le top en matière de démocratie. Cela remplacerait nos élus par des tirés au sort, des personnes bien payées mais qui auraient des comptes à rendre pour leur travail et pas de carrière possible.

« Rien n'est plus fort qu'une idée dont l'heure est venue. »
Victor Hugo

La crise écologique est un adversaire commun qui nous pousse à nous serrer les coudes, nous encourage à trouver l'équilibre entre nature et technologie pour survivre... et prospérer.

La France est connue pour son histoire, sa philosophie, sa raison, son audace... Elle a été parmi les premiers pays à polluer elle a le devoir de montrer l'exemple en relevant le défi qui nous est présenté, le plus grand défi de l'humanité :
Trouver le moyen de prospérer avec le moins possible de dommages collatéraux. Sortir de nos addictions mortifères, sortir de l'individualisme, tendre vers l'harmonie, la symbiose et le respect.

...

La bourgeoisie est en train de devenir une porcherie, des cochons qui se gavent dans leur déni avec des fourmis qui bossent pour leur bon plaisir.
Il y a quelques siècles, ceux que l'on appelait les parasites de la société étaient les bourgeois.

Pendant les dernières décennies, on a tenté de nous faire croire que c'étaient les pauvres et les étrangers les nouveaux parasites…

Aujourd'hui, nos ministres sont d'anciens cadres supérieurs du capitalisme, pour la plupart actionnaires des grandes entreprises privées qui détruisent notre environnement, ils polluent parfois plus en une journée qu'un pauvre toute sa vie. Comme une tique sur le dos d'un chien, les parasites vivent sur le dos de la société en dépit de la santé de notre planète, ils affaiblissent notre système, donc les protecteurs de la nature sont nos anticorps.

Le dialogue est-il encore possible ?
Il semblerait que le dialogue ne soit pas efficace, face à l'indifférence générale et au mépris de la bourgeoisie, le peuple s'organise pour un rapport de force.

...

Où est l'égalité ? La justice ?
L'être humain est de plus en plus individualiste, capable de presque tout faire avec son téléphone, il a tendance à oublier l'importance de l'autre. Nous sommes tous dans une bulle de confort numérique, dans cette bulle nous n'avons pas besoin de nos voisins, on s'est habitué à cette indépendance qui nous permet d'être individualiste.
Pourtant le respect des autres est tout aussi important que le respect de l'environnement.

La technologie va progressivement devenir très chère.
Nous aurons besoin des autres à nouveau, pour assurer un système de santé, un service public, un enseignement décent. Les actionnaires ont bien profité, il est temps de mettre en avant le bien commun, notre avenir.

« Il y a une grande différence entre ce qui est légal et ce qui est légitime. Une multinationale à le droit de mettre en danger les capacités de vie sur terre, c'est légal mais ce n'est pas légitime, ce n'est pas juste.
Ce qui devrait guider l'action politique, c'est la justice et non la légalité.
En tant que citoyen, citoyenne, quand une loi est injuste, on se doit de désobéir. »
Camille Etienne

8 La spiritualité, la philosophie

Restons dans la légèreté…

Pour ne pas tourner en rond, on évitera de parler de religion. Cette dernière est affaire de croyance alors que la spiritualité est plutôt dans l'expérience.
C'est la « science de l'âme » et en même temps, c'est très personnel.
Les enfants ne choisissent pas leur religion, ils ne sont pas responsables de ce que leurs parents leur apprennent. Ils sont responsables de leurs actes. Sont-ils vraiment responsables de ce qu'ils disent ? A partir de quel âge ?

Les croyances de chacun sont respectables, il n'est pas facile de changer les croyances de quelqu'un, on choisit de croire tel ou tel livre, telle personne… C'est le libre arbitre.
Même si on n'est pas convaincu de l'existence d'un Être suprême, du destin ou même de la chance, on devrait être ouvert sur le fait que cela puisse exister. Beaucoup de scientifiques croient en quelque chose de spirituel. Est-ce que vous croyez en Dieu ?

A cette question Albert Einstein a répondu : « Dites-moi ce que vous appelez Dieu, je vous dirais si j'y crois »

Dieu existe dans l'esprit de ceux qui y croient, il existe dans leur imagination, donc il existe quelque part.
Tout comme l'effet placebo a un effet, croire en Dieu à des effets…

Tout comme croire au fantômes à des effets !!!

Pour simplifier la question de ce qui existe ou pas, nous partirons du postulat que tout existe dans le monde de l'imaginaire. Et que notre imaginaire a des effets sur nous.
Personnellement je choisi de croire certaines choses au niveau spirituel, ésotérique... libre à vous de croire ce que vous voulez.

Dans mes croyances, il y a toutes sortes de légendes et de mythes qui se mélangent, des choses que j'ai vécues, des anecdotes que l'on m'a racontées.
Je choisis de croire ce qui me touche, ce qui résonne en moi...
Et aussi ce qui m'arrange, tant qu'à faire je préfère croire que l'enfer n'existe pas vraiment, et qu'on ira tous au paradis.

Prenons un exemple simple : je suis baptisé orthodoxe, dans ma famille la religion c'était important, important de croire comme les autres orthodoxes, la messe une fois par an...
Bref, on m'a dit Dieu existe, tu es orthodoxe mais on ne m'a pas expliqué pourquoi ni comment... je n'en avais rien à faire.

Je ne croyais en rien, enfin... au début j'y ai cru un peu, au cas où !
Plutôt sage donc je ne craignais pas la colère divine !!!
Puis l'adolescence est passée par là et j'ai bien oublié les leçons de morale quand j'ai vu mes parents faire n'importe quoi.

Ensuite j'ai perdu des proches, et intérieurement j'ai vécu un grand débat sur la spiritualité. Qu'est-ce que Dieu ? Y a-t-il quelque chose après la mort ?

Être ou ne pas être ? Ce qui ne nous tue pas nous rend-il plus fort ? Qui suis-je ? Qui êtes-vous ? Où va le monde !? je vous le demande !!!

Qui voulez-vous devenir ? Qu'allez-vous faire de ce temps qui vous est imparti !!!???

…

Peut-on, à l'école, émettre la possibilité qu'il y ait quelque chose après la mort ?

On peut leur dire « pourquoi pas » évidemment, mais a-t-on le droit de leur raconter des histoires de réincarnation, de voyage astral ou de fantômes ?

Peut-on leur ouvrir la porte de la spiritualité tout en restant laïque aux yeux de tous ?

Certains films d'animation pour enfant sont très explicites et nous apportent des clés, une approche de la spiritualité qui permet d'aborder le sujet, dernièrement « Soul » ou « Coco » sont très explicites.

Globalement les films et dessins animés ainsi que les mangas apportent beaucoup de philosophie et donc… de sagesse, entre autres choses.

Voir de belles choses fait de nous de belles personnes.

…

Qu'est-ce qui vous rend heureux ?

« Être heureux ce n'est pas trouver l'ordre parfait, c'est trouver la souplesse, la flexibilité, l'adaptabilité en nous pour vivre les épreuves dans la joie et ou la paix ». (d'après un mec intelligent).

Peu importe qui a dit quoi, peu importe ma personne, ce qui est important c'est le message. Seules la vie et la vérité sont importantes, la violence et le mensonge sont synonymes de médiocrité.
Faire l'effort d'être juste, de montrer l'exemple n'est pas toujours évident mais c'est bon pour l'estime de soi, qui est bonne pour la confiance en soi, qui permet d'être heureux et épanoui.

...

La spiritualité est encore un thème très vaste, donc pour en revenir à ce qui concerne l'écologie, il existe un tas de comparaisons entre Dieu et la nature.
On peut croire par exemple que la Terre a une conscience.
On peut imaginer aisément qu'il existe un esprit de la forêt...
La science a démontré que tous les arbres d'une forêt sont connectés entre eux, ils ont des réactions, et peut-être même des émotions...

La science est plutôt favorable à l'existence d'une force, d'une conscience supérieure. On peut l'appeler comme on veut, conscience collective, force de l'imaginaire, l'univers, la magie... il y a comme un truc.
Dans l'histoire des religions, il y a beaucoup de magie.
Les premières histoires de magie remontent aux premiers hommes debout, tout ce qu'on ne comprenait pas était comme de la magie.
Et aujourd'hui encore... La science n'explique pas tout.
« Toute technologie suffisamment avancée est indiscernable de la magie »

Ce que la science n'explique pas trouve souvent des réponses dans la spiritualité.
Nombreux sont les gourous qui prétendent avoir des réponses mais peu d'entre eux prétendent détenir la Vérité.
Il faut chercher en soi pour trouver des informations sur ce qui est invisible ... l'occulte.

Avec Internet, on peut se perdre facilement dans les théories farfelues, des complots, les Aliens, les anges, les guides, les annales akashiques…
On a envie de croire à l'impossible... Cela nous permet de répondre aux questions sans réponses.
Il est très important de garder les pieds sur terre !
Quand on choisit le métier d'animateur ou d'enseignant, je pense qu'on se doit de rester vague sur nos croyances.
Je travaille parfois dans une école catholique, et j'ai aussi souvent des élèves musulmans, donc j'évite simplement de parler de mes croyances et je respecte celle des autres.
Quand un élève croit au Père Noël, je respecte son choix, celui de ses parents. Mais la petite souris, le croque mitaine et compagnie sont des mensonges qui n'ont pas de réel intérêt, ils sont même plutôt un encouragement à mentir. « Dis à ton petit frère que le Père Noël existe » revient à demander à un enfant de mentir sans vergogne.

L'histoire du vrai Saint Nicolas est pourtant bien plus pertinente que celle d'un type qui vole avec un traîneau magique.
C'était un riche héritier qui a donné sa fortune aux pauvres et qui avait même des talents de guérisseur, d'après mes recherches.

Les religions parlent de sagesse, d'amour, et de difficultés.
On peut facilement interpréter les livres saints comme des œuvres de philosophie, remplies d'histoires, de sagesse, de morale… et de trucs bizarres.

« Aide toi et le ciel t'aidera », la paille dans l'œil du voisin...
On ne peut pas nier qu'il y a quelques punchlines dans toutes les religions.
Lire les livres saints c'est un outil de communication, il y a beaucoup de sagesse et d'amour dans les textes, le pardon, la loyauté, tendre la main... Par contre, il y a aussi des concepts et des principes malveillants, obsolètes, du sexisme et même du racisme parfois.
Les livres « sacrés » sont parfaitement imparfaits.

La science prouve que la coopération est plus efficace que la compétition, on le voit bien dans la nature, les espèces qui coopèrent sont celles qui prospèrent le plus.
Dans notre monde, on est en compétition permanente, il est compliqué de sortir du schéma qu'on nous impose. L'entraide et/ou la guerre sont nos seules options pour éviter la fin du monde.

D'ailleurs à ce sujet... « apocalypse » signifie « la levée du voile » et non pas la fin du monde.
On peut imaginer que l'apocalypse soit la fin du mensonge, la fin du monde conflictuel, la fin de la dualité... le début d'un monde basé sur la coopération...

...

Dans la spiritualité, on parle beaucoup de l'amour universel.
Tout le monde ne l'explique pas de la même manière et j'aimerai vous parler de mon interprétation.

J'aime presque tout le monde... pourtant je ne suis pas un bisounours !!! J'aime les gens... Même les plus mauvais je les aime, on peut trouver une certaine poésie dans leur bêtise, une macabre et désolante poésie.

Ce n'est pas pour autant que j'apprécie tout le monde.
J'entends souvent, « à sa place, je n'aurai pas fait ça » ... ou encore « comment c'est possible d'être aussi con » ...

Si vous vous mettiez vraiment à la place de quelqu'un, vous auriez son passé, son éducation, ses croyances... vous feriez très précisément comme lui ou elle. Vous seriez cette personne.
Être capable de se mettre dans la peau de quelqu'un pour imaginer ce qu'il peut ressentir, c'est ce qu'on appelle l'empathie, et c'est devenue une matière qui est enseignée dans certaines écoles.

Essayer de comprendre pourquoi les gens réagissent bizarrement est bien plus utile que de juger.
Il est facile de se moquer, ce n'est pas grave de se moquer, de rire... l'humour est une arme ainsi qu'une armure.
Certains parents se moquent de leurs enfants à longueur de temps, c'est leur façon d'éduquer.
Ce n'est pas la meilleure façon évidemment mais si une personne qui a été battue quand il était enfant choisit de se moquer un peu de ses enfants, c'est mieux que les coups.
Cela dit la violence psychologique peut-être plus forte que la violence physique... Attention.

Le dialogue, le partage, l'humour, l'autodérision sont très importants.
L'humanité grandit, elle sort de sa crise d'adolescence. Globalement insouciante, irresponsable... mais tout de même globalement plus dégourdie qu'il y a cinquante ans, je l'espère.

Ok, il y en a quelques-uns qui régressent... mais globalement... on avance !

Il ne faut pas oublier qu'on revient de loin, il n'y a pas si longtemps, on était encore des sauvages ! Il y avait quelques érudits mais globalement...
Il y avait un gros paquet de boulets ! On ne choisit pas sa famille, ses ancêtres, on compose avec.

Aujourd'hui on a toujours des boulets mais proportionnellement il y en a moins ! C'est juste qu'on les voit mieux, ils sont mis en avant, ils font le buzz, ils se font bien plus remarquer.
Je pense que l'on voit un peu trop de bêtises sur les écrans de nos ados mais qu'il y a aussi énormément de sagesse, de bienveillance, de générosité en parallèle... de la maturité.
Et c'est bien de cela dont nous avons besoin. Devenir adulte, sortir de l'adolescence pour devenir responsable, devenir sage... sortir du déni.

Les plus durs à raisonner sont les plus puissants qui ne parlent que de compétition.
Aimer son prochain, c'est mieux que de le détester ! J'ai décidé de les contredire sans les détester, mais il y a des jours...
« Je ne pardonne pas les gens parce qu'ils méritent mon pardon, je les pardonne parce que je mérite la paix ».

...

Dans un autre registre, il y a la spiritualité et ses expériences « surnaturelles ». Je dis « surnaturelles » mais une fois que vous aurez compris de quoi il s'agit, vous comprendrez que c'est parfaitement naturel.

Il existe tout plein d'expériences simples comme la prière, la méditation, la transe, l'hypnose que nous pratiquons naturellement.

Nous avons des souhaits, des envies, donc nous prions ; nous avons des moments de réflexions, de repos mental, donc nous méditons, nous avons des moments d'absence, la tête ailleurs ou concentré sur une chose, c'est la transe, et enfin nous suggérons aux autres et à nous même des idées, c'est la suggestion qui mène à l'hypnose ou l'auto-hypnose.

Beaucoup de gens sont encore effrayés par ces disciplines, l'hypnose en particulier.
Petite réflexion perso... Je me demande si ceux qui ont peur ne seraient pas ceux qui ont des choses à cacher. L'hypnose fait ressortir la vérité.

L'hypnose vient de « Hypnos » qui signifie Dieu du sommeil, et paradoxalement cette discipline permet d'ouvrir les yeux sur certaines choses.
On est parfois dans le déni, le mensonge… l'hypnose peut ouvrir des portes.
Cela permet de donner des outils pour aider à régler les problèmes, répondre aux questions, soulever des questions pertinentes…

La méditation guidée fait appel à l'imagination, elle se pratique sans soucis avec des élèves quel que soit leur âge.
On peut les emmener dans le pays des merveilles où tout est possible, leur apprendre à voler !!! Les emmener dans des mondes de nature abondante pour leur apprendre à apprécier le plaisir de savoir s'évader simplement.

L'imagination est sous-estimée dans l'éducation, dans les méthodes alternatives on recherche les meilleures façons de mettre les enfants en condition pour apprendre, et la méditation guidée est un outil très intéressant.

Un enfant bercé dans la religion sera sensible à des images ou métaphores divines, tandis que d'autres seront plus sensibles à la nature, aux animaux et à mère Nature.
L'idée est de canaliser leur attention, leur raconter une histoire plus ou moins fantastique pour capter leur attention, avec l'entraînement les mots viennent tout seuls.

Peut-on parler de voyage astral aux enfants ? (Je me pose beaucoup de questions) c'est un peu complexe bien que passionnant.
Dans la spiritualité, tout est lié, les religions entre elles, les différentes formes de méditation, les guérisseurs... encore un sujet qu'il vaut mieux survoler dans une classe, mais il n'y a pas de réel tabou.
Un animateur peut facilement mettre des « peut-être » et faire rêver un enfant.

...

Il existe des guérisseurs, des vrais, et il existe des charlatans, des vrais, comme il existe de bons et de moins bons médecins.
La santé, notamment la santé mentale est un sujet sensible à prendre avec des pincettes.

La science étudie de près les expériences ésotériques depuis la première guerre mondiale, sans rentrer dans le détail, il existe des personnes capables de choses hors du commun, dans certaines conditions.
Du mentaliste au chaman en passant par le magicien et l'hypnotiseur, c'est tout un monde passionnant qui mérite l'attention de tous.
Le chamanisme est un art pratiqué dans plusieurs pays depuis des milliers d'années, et qui commence juste à être étudié par la médecine moderne.

Corinne Sombrun est une chaman française qui a été étudiée par des neurologues et le résultat des expériences est plutôt pertinent. Il est fort possible que la science ait beaucoup à apprendre des chamans.

Cette discipline, le chamanisme, n'est pas une religion ; c'est une pratique qui consiste à se reconnecter à la nature pour apprendre à se connaître.
Car si Dieu a créé l'homme à son image, on peut y voir un clin d'œil à la ressemblance entre la Terre, organisme vivant, qui fonctionne comme tous les autres êtres vivants, avec un cœur et une âme.

On peut même trouver une ressemblance entre un atome et une planète.
Tout est connecté. Tout est lié par la nature, une force dans l'univers encourage l'apparition de la vie. Cette force est souvent comparée à la lumière qui donne la vie, antagoniste à l'obscurité qui est le reflet de tout ce qui détruit la vie.

Pour finir et pour conclure, je tiens à vous dire que lorsque l'on commence à parler spiritualité on est très vite catalogué sectaire ou même gourou !!!
Donc, faites bien attention à la personne que vous avez en face...
La spiritualité est une chose très personnelle que l'on partage avec ceux qui la recherchent, sans rien attendre en retour.

Beaucoup de gens sont hermétiques à tout ce qui concerne la religion et c'est bien dommage. La laïcité est indispensable à l'éducation dans le sens où l'on ne doit pas favoriser une religion plutôt qu'une autre. Mais la laïcité est un frein à la spiritualité, elle empêche de pouvoir parler des trésors de bienveillances qui sont réunis dans les livres « saints » et les nouvelles religions, c'est un éveil à la philosophie tout aussi intéressant que les contes et légendes.

...

Certains se servent de la spiritualité ou de la philosophie pour fuir la réalité, c'est parfois utile mais n'oublions pas le piège de la bienveillance :
La colère est parfois légitime, c'est une émotion qu'il faut accepter, apprendre à l'apprivoiser.

La philosophie est l'étude de la sagesse, elle permet d'apprendre à prendre du recul. Les philosophes de l'histoire ont apporté des clefs de compréhension, des outils de communication, des métaphores et des idées bienveillantes qui n'ont pour la plupart pas pris une ride.
Comme le triangle de Karpma, l'allégorie de la caverne, le stoïcisme…
La philo est une discipline est très appréciée des enfants, elle apporte des réponses à des questions intérieurs qui sont parfois difficiles à verbaliser.
Elle permet de mieux comprendre nos émotions, de mettre des mots sur nos sentiments, de pouvoir se mettre à la hauteur de l'autre pour mieux l'entendre…
Elle permet aussi de trouver des pistes vers le bonheur, la résilience, et l'acceptation de la possible fin de l'humanité.

...

L'éco-anxiété est un phénomène qui touche beaucoup d'humains, du plus « sauvage » au plus « civilisé », dans toutes les régions du monde des personnes souffrent en voyant la nature souffrir.

L'impact psychologique de la tentative d'extermination de la vie sur terre est parfaitement sain, il est tout naturel aux vues de la catastrophe en cours et des prévisions pour le climat.

Trouver des coupables semble assez simple, les condamner est une autre histoire.
Renforcer la justice semble être urgent, condamner les responsables à hauteur de leur crimes.
Cela calmerait la colère qui gronde.

La laïcité suggère que la spiritualité est un choix, alors que le culte d'une religion est un choix, mais la spiritualité fait partie de chacun de nous. Nous sommes tous reliés à l'esprit de la nature et nous sommes tous plus ou moins connectés les uns aux autres.

Il serait temps de le réaliser. L'intelligence collective est notre seul espoir.

Épilogue

Nous sommes capables de faire la part des choses entre, « il est peut-être trop tard » et « tout est encore possible ».

J'entends parfois dire que l'écologie est un souci pour ceux qui n'en ont pas, et bien je vous assure que j'ai des soucis personnels, mais je les garde pour moi et les personnes que mes soucis concernent.

La protection de l'environnement me rend heureux, je me sens utile, à ma place. Tout ce que je fais est cohérent, j'ai trouvé un travail qui a du sens, dans lequel je m'épanouis.
Voir des enfants rire, leur donner envie de jouer à sauver le monde avec enthousiasme, c'est magique.

Parfois je leur dis : « j'ai un secret, vous ne le direz à personne… je suis un super-héros, je fais partie des Avengers français… Est-ce que vous voulez m'aider à sauver le monde ? »

C'est prétentieux, mais c'est drôle de les mener en bateau, il vaut mieux qu'ils s'habituent à être pris pour des pigeons.
Je suis convaincu qu'il y a des héros partout.
Un héros ce n'est pas quelqu'un de parfait, c'est quelqu'un qui fait de son mieux avec la force qu'il a.
Quelqu'un qui a besoin de repos peut-être, de soutien… ou pas.

Nous avons tous le pouvoir de sauver du monde, la vie est menacée sous toutes ses formes, donc il est très simple de sauver une vie ou d'aider quelqu'un.

Par contre le dérèglement climatique n'est pas évitable, selon les experts, on peut faire redescendre la température de quelques dixièmes de degrés mais on ne reviendra pas de si tôt à la température pré-industrielle.

La nature nous réserve peut-être des surprises, elle est imprévisible, on ne peut pas être sûr que notre civilisation va s'effondrer, et on ne peut pas être sûr du contraire non plus.

Qu'allons-nous faire ? Allons-nous passer le reste de notre vie à avoir peur, où allons-nous agir, dans la joie et la bonne humeur ?
Arrêter de vivre n'est pas une option pertinente, mais vivre ce n'est pas cramer du pétrole, il y a un juste milieu très sympa à inventer.

Nous sommes sujets à des émotions diverses et variées et elles sont toutes légitimes.
Nous avons des raisons d'avoir peur, d'être en colère ou triste, nous ne sommes pas des machines.
Toutes ces émotions, qu'elles soient positives ou négatives, sont belles.
Il y a de la poésie cachée dans tous les cas de figure, nous sommes soit à l'aube du déclin de l'humanité, soit aux prémices d'une renaissance.
La transformation de notre société va être longue et douloureuse pour certains, mais on va trouver de la beauté, de la joie, et de l'amour aussi.

Notre cerveau nous joue des tours, il cherche le confort, la stabilité, il confirme nos croyances pour nous faire plaisir.
Nous avons perdu beaucoup, mais il nous reste encore beaucoup à sauver.

Vous êtes important.
Ceci résume bien ce que je dis à mes élèves tous les jours.
Notre maison brûle et nous devons agir, à chacun sa part de responsabilité.
Rejeter la faute sur le voisin n'est ni utile ni constructif.

Agir c'est vivre, être acteur du changement, beaucoup de gens sont en train de perdre leur humanité, ne vivent plus, ils sont connectés aux machines. Spectateurs, ils deviennent une partie de la machine qui détruit tout.
Nous sommes les instruments d'une symphonie macabre orchestrée par des sociopathes.

On trouve de plus en plus de solutions, on avance j'espère qu'en partageant ma liste je vais apporter ma contribution à un retour vers la simplicité, je reste convaincu que ce bon vieux Baloo avait raison, il en faut peu pour être heureux.

...

Je rêve d'un monde où l'on se soutiendrait les uns les autres, par amour de son prochain ou pour le côté pratique... peu importe.
On pourrait partir des besoins primaires pour construire notre avenir, sacrifier des besoins secondaires pour être en accord avec les limites planétaires.

Chercher l'optimum du confort dans le respect des écosystèmes. Avoir de la décence par rapport à ceux qui souffrent déjà du manque de nourriture en arrêtant le gaspillage, ne pas demander des efforts à ceux qui sont en détresse.
La baisse des rendements due à la sécheresse dans le monde va bientôt créer plus de famines... des réfugiés climatiques... sachant que nous sommes en partie responsables, nous la moitié la plus riche du monde, du malheur de

l'autre moitié, nous avons le devoir de donner une réponse à ceux qui ont soif et faim.

Environ un pour cent des plus riches polluent plus que la moitié la plus pauvre des humains, ils se moquent du monde.

Heureusement il y a des neurones et des solutions dans ce monde cruel.

...

Pour finir, j'aimerai faire la compilation de tous les conseils que j'ai reçu et qui m'ont touché.

Vous ferez bien comme vous l'entendez.

Je n'ai pas inventé grand-chose, je ne suis qu'un humble messager :

- Ne pas hésiter à perdre du temps pour errer, pour se trouver, comprendre, accepter que tout est complexe et nuancé, triste mais merveilleux, catastrophique et poétique...

- Pensez à profiter du voyage, savoir où l'on va c'est bien mais l'instant présent est primordial. La vie est fragile, chaque instant est précieux.

- Ne pas rester seul trop longtemps, s'entourer de personnes dans la même dynamique, si possible trouver des gens meilleurs que soi pour grandir à leur contact.

- Donner de son temps, le temps n'est pas de l'argent, il a bien plus de valeur que ce qu'il parait. Le bénévolat est bon pour l'estime de soi.

- Garder l'espoir, l'action crée l'espoir, maintenant que vous avez un bon aperçu de la situation, si ce n'était pas encore le cas... il ne vous reste plus qu'à trouver votre place dans cette révolution, si vous ne l'avez pas encore fait.

- Trouver des anciens capables de vous inspirer, des alliés capables de vous aider.

- Ne pas trop s'attarder à faire le procès des coupables ou des responsables. Inventer un monde, construire sans eux un récit dans lequel tout prendra du sens.

- Pardonner, non pas parce qu'ils méritent le pardon, mais parce que vous méritez la paix.

Nous avons la chance d'être nés à un moment très spécial de l'humanité, la fin de son adolescence, « l'âge de faire ».

« Au commencement était le verbe » il paraît, je me suis dit qu'il serait bien d'en mettre quelques-uns à la fin du bouquin... car aujourd'hui est le premier jour du reste de votre vie. Qu'allez-vous en faire ?

Reconstruire, inspirer, transmettre, soutenir, relier, créer, changer, vivre, régénérer, oser, résister, adapter, partager, imaginer, visualiser, projeter, concrétiser, respirer, jouer, danser, rire, aimer, vous reposer... ?

<u>Sources</u>

Voici quelques unes de mes sources.
En commençant par un extrait du « Troisième Appel du Collectif Enseignants Pour la Planète », qui m'a particulièrement touché :

« Il y a trois ans, nous faisions paraître <u>notre premier appel</u>, signé par plus de 7 000 collègues. Nous, enseignant·e.s, pour la plupart fonctionnaires d'un service public voué au bien de tous et toutes, formé·es à l'esprit critique et résolument à l'écoute de la science et de ses avancées, nous avions déclaré que nous refusions dorénavant de dispenser un enseignement éloigné des conclusions auxquelles étaient déjà arrivés des milliers de scientifiques : enseigner la croissance et la productivité sans enseigner les ravages constatés de l'extractivisme, enseigner l'urbanisation sans enseigner la catastrophe de l'artificialisation des sols et la raréfaction des terres agricoles, enseigner comme si des changements individuels de comportements pouvaient suffire à changer la donne.

De l'architecture de nos écoles, qui sont bien souvent de véritables passoires énergétiques aux cours bétonnées, jusqu'à la formation des enseignant.es, encore souvent insuffisamment informés sur le sujet du réchauffement climatique ou de l'extinction de la biodiversité, tout doit être revu.

Un frémissement a eu lieu, mais si léger : verdissement des programmes dans le primaire et le secondaire (programme de SVT sur les services écosystémiques, de physique sur le réchauffement climatique), injonction à élire des éco-délégués dans les classes sans pour autant avoir dégagé de temps pour leur formation… Et il a vite été contrebalancé par des signes radicalement contraires : une <u>numérisation à outrance de l'enseignement</u> alors que la pollution liée au numérique est de mieux en mieux connue.

L'Éducation nationale subit le même greenwashing que tant d'autres institutions, mais continue en réalité à être pensée et dirigée comme un univers hors-sol, dans lequel la question des périls écologiques semble lointaine, au mieux incomprise, au pire méprisée. En sciences appliquées ou en économie, les idées de décroissance ou de low-tech sont discréditées.

En géographie les catastrophes en cours et à venir sont enseignées comme si elles ne nous concernaient pas. Le respect porté au vivant semble une lubie cantonnée aux livres de poésie. Passant sous silence l'histoire populaire de la sobriété, seules la quête de puissance et la domination ont droit de cité dans les cours d'histoire, par le prisme ancien des empires ou récent des multinationales.

Or le temps presse et nous disons qu'une formation sérieuse aux questions écologiques doit faire partie du corpus élémentaire de connaissances dont chaque citoyen.ne en construction doit pouvoir disposer, quel que soit son cursus scolaire et la durée de ses études. La culture écologique doit faire son entrée dans la culture générale. Un.e citoyen.ne devrait désormais être capable de calculer même basiquement un bilan carbone ou un bilan énergétique pour faire ses choix de consommation, de reconnaître un écosystème dégradé, de savoir en identifier la cause et le remède, d'avoir une idée des grandes thèses des penseurs de l'écologie... Mais nous en sommes à mille lieux.

Nous pensons en effet que, comme toute éducation digne de ce nom, une éducation à l'écologie doit interroger les certitudes de celles et ceux qui la reçoivent, questionner les mécanismes de notre société. Comme la laïcité ou l'égalité femme-homme, l'écologie doit devenir une valeur défendue par l'école, un prisme incontournable de nos enseignements, scientifiques, littéraires ou techniques, tournés vers l'action et l'engagement citoyen. Pour les plus jeunes de nos élèves, le maximum des efforts doit être faits pour leur apprendre à découvrir le vivant, à l'aimer et à s'en émerveiller. Pour les plus grands, il faut leur apprendre à le respecter et, dans le cadre démocratique et non-violent que promeut l'école, les inciter à le défendre.

Le défi est en effet aujourd'hui de permettre aux jeunes de comprendre les enjeux importants du monde dans lequel ils vivent (sur le nucléaire, la géo-ingénierie, les pesticides...) de façon à pouvoir engager leur avenir professionnel et personnel vers la réparation du monde. Car, nous le voyons dans nos classes, les jeunes souffrent moins d'éco-anxiété que d'éco-impuissance, ce qui les mine, c'est leur sentiment de solitude face à un discours institutionnel en complet décalage avec la perspective sombre qui se profile devant eux.

Ce sont donc également nos modèles de réussite scolaire qu'il faut interroger : ceux qui construisent des aéroports et des centrales nucléaires, élaborent des montages fiscaux, inventent aujourd'hui des systèmes chimiques pour percer les nuages… ne viennent-ils pas essentiellement de nos « filières d'excellence » ? Et à l'inverse, la voie professionnelle, si souvent dénigrée, ne devrait-elle pas être vue comme la carte maîtresse d'une société qui voudrait se transformer en profondeur, formant par exemple plus de paysan.ne.s, d'artisans combattant de l'obsolescence et de la pétrochimie ?

L'écologie doit devenir un sujet dans l'éducation, avant, nous l'espérons, de devenir l'un de ses projets. »

Je me suis inspiré de ce genre de textes, de beaucoup de spécialistes et de vulgarisateurs pour cet ouvrage, voici les principaux personnages que je cite :

…

Je commence par une liste de mes Youtubeurs favoris :

Jean-Marc Jancovici :
Pour les médias il est la « Rockstar » de l'écologie. Ses conférences se ressemblent, j'en ai tout de même regardé une vingtaine pour bien m'imprégner de ses idées, une seule suffit à comprendre le problème, mais je ne m'en lasse pas.
Ses FAQ et interventions face aux ministres complètent le parcours remarquable du bonhomme. Aussi les vidéos du Shift Project détaillent chacun des sujets du PTEF.

Thinkerview :
Notre « Snowden français », « Sky » interroge des experts et des spécialistes en tous genres. Des interviews d'une heure et demie minimum sur fond noir, avec des millions de vues.
Remarquable pour un format si long.

Le réveilleur :
Ingénieur et docteur en sciences de l'environnement. Professeur d'écologie pour les initiés, idéal pour approfondir, c'est du lourd.

Heu?reka :
Encore plus lourd ! Plutôt branché Finance et Economie

Nicolas Meyrieux :
Comédien subventionné par le CNC pour vulgariser des sujets écologiques, économiques et sociaux. Il incarne une douzaine de personnages bien variés dans ses vidéos « La barbe » et derniè-rement il fait le tour des agriculteurs qui sont dans une démarche moderne pour populariser les nouvelles méthodes.

Et tout le monde s'en fout :
Série humour condescendant sur les neurosciences appliquées, la sociologie, philosophie du monde…

Ami des lobbies :
Équipe de comédiens satiriques qui expliquent le pouvoir des lob-bies et les conséquences d'un tel pouvoir.

Professeur feuillage
Humoristes et animateurs en éducation au développement du-rable. Un couple de génie, à ne pas présenter à un publique trop jeune.

Briget Kyoto :
Comédienne déjantée aux allures de scientifique désespérée.

Vert chez vous :
Youtubeuse nomade qui fait un tour des entreprises et personnes éco-responsables.

Partager c'est sympa :
Équipe de militants qui relaient les infos sur les projets et idées à défendre.
Il y a aussi Osons causer, et Osons comprendre
Dans le même délire, un peu plus documenté.

Max Bird :
Divertissement sur les idées reçues et les oiseaux. Successeur de Jamie de « C'est pas sorcier » avec professeur feuillage dans le rôle de Fred et Cécile Djunga qui complète le show.

Permaculture agroécologie etc… :
Le jardinier le plus connu du net, il produit plus au mètre carré que beaucoup d'agriculteurs en utilisant des ressources locales, et sans pesticides. Il vend ses graines et donne ses conseils, pour permettre à n'importe qui de devenir maraîcher, ou juste comprendre les nouvelles méthodes qui subliment les conseils des anciens.

Le chemin de la nature :
Pour apprendre à reconnaître les plantes comestibles françaises et leurs vertues.

Chaillot Barnabé :
Le géo-trouve-tout, bricoleur spécialisé dans l'autonomie énergétique et la récup'.

Major mouvement :
Professeur pour Kiné qui explique comment prévenir et soigner les douleurs par le mouvement et les connaissances médicales de ses collègues, dont « L'ostéopathe ». Prévenir plutôt que guérir.

TedXtalks :
Mini conférences sur toute sorte de sujet, en 20 minutes max. Les intervenants sont qualifiés de « personnes qui valent la peine d'être connues ».

…

Il y a aussi des chaînes d'informations comme « Limit », « Green letter club », « Vert, le média qui annonce la couleur », « Blast », « Hugo décrypte », « Dans Ton Corps »… et j'en passe tellement…

Il y a je le rappel en passant des milliers d'associations qui méritent le soutien de tous, des bénévoles à considérer, merci à toutes celles et ceux que j'oublie.

Alternatiba :
Association nationale de plusieurs associations qui encourage l'initiative et militent pour une sobriété heureuse.

Seashepard :
Pirates protecteurs des mers, des océans et de la vie sous-marine.

La fresque du climat :
Permet d'apprendre à partager les causes, conséquences, les enjeux et les solutions pour un monde durable grâce à un jeu de cartes inventé par des membres du GIEC.
Des formations en un week-end ou une journée à un prix dérisoire.

Extinction Rebellion :
Association mondiale de lutte pour la biodiversité, le climat, la solidarité…

Citoyens pour le climat, Colibris, Ô vivant, Attac, Les amis de la Terre, Négawatt, l'académie du climat, youth for climate…

Et, plus récemment, « les soulèvements de la Terre »

…

Et voilà la liste des livres qui m'ont inspiré et que je recommande chaudement :

Limits to growth - Donella, Dennis Meadows et Jørgen Randers
C'est le rapport du club de Rome sorti en 1972
Le début d'une longue histoire. Groupement de recherches sur le lien entre la finitude des ressources, la biodiversité…

Earth for all - nouveau rapport du club de Rome
Un rapport complémentaire 50 ans après, sur l'état actuel de la planète et des solutions envisageables.

Petit manuel de résistance contemporaine - Cyril Dion
Réalisateur de 3 films, plusieurs documentaires, Il a participé à la création du mouvement les colibris et à l'organisation de la convention citoyenne pour le climat que je recommande vivement. Chacune de ses œuvres est à voir et revoir, difficile de trouver un artiste plus engagé.

Plan de Transformation de l'Economie Française - Shift Project
C'est le résultat de plus de 20 ans d'analyses et de recherches sur les solutions pour tendre vers une société durable, étape par étape, concernant les aspects principaux de la transition.

Une année pour tout changer - Céline Alvarez
Professeur des écoles qui a popularisé la méthode bienveillante d'éduquer. Une magicienne parmi les sorcières, cette héroïne a su réunir toutes les méthodes les plus efficaces d'enseignement pour les partager à grande échelle, partant du principe que tous les élèves sont potentiellement doués.

Collapse - Jared Diamonds
Comment les sociétés décident de leur disparition ou de leur survie. Étude des effondrements des civilisations au cours des âges.

Pour un soulèvement écologique/ Dépasser notre impuissance collective - Camille Etienne
Notre militante la plus médiatisée ces derniers temps.

Changer le monde - Tout un programme - Jean-Marc Jancovici
Ce monsieur est tout simplement l'inventeur du bilan carbone, pionnier de l'économie d'énergie.

Comment tout peut s'effondrer - Pablo Servigne
Écrivain collapsologue, conférencier, il a une approche très bienveillante pour anticiper le pire. Son livre fait le tour du problème, et le suivant « l'entraide, la second loi de la jungle » explique qu'il y a des solutions par la coopération.

Face au chaos, fonder des sociétés résilientes et enrayer l'anéantissement du vivant - Arthur Keller
Big boss des collapsologues, plus flippant que le précédent mais tout aussi pertinent et réaliste.

Le bug humain - Sébastien Bohler -
Pourquoi notre cerveau nous pousse à détruire la planète, et comment l'en empêcher ?

L'eau - Fake or not - Charlene Descollonges
Répond à la plupart des questions sur les problèmes liés à l'eau et fait le tour des plus ou moins bonnes solutions qui existent.

Le plus grand défi de l'humanité - Aurélien Barrau
Astro-physicien professeur à l'académie de Grenoble, fervent défenseur de l'écologie et poète à l'humour noire et grinçant. Il

dresse un constat scientifique, un consensus sur le fait établi que l'humain est en train de détruire son environnement, puis il aborde une ébauche des solutions.

L'humanité en péril - volume 1 et 2 - Fred Vargas
Romancière à succès de romans policiers scientifiques. Passionnée par la recherche de la vérité et de la résolution d'énigme, après avoir publié un petit texte percutant sur la protection de l'environnement et la résilience qui a été très apprécié par ses lecteurs et les réseaux sociaux, elle a entrepris de résumer des années de recherches dans ces œuvres.

L'ultime secret - Bernard Werber
Mon auteur favori, c'est ce livre qui m'a donné le goût pour la littérature scientifique. Toute une collection de livres de science-fiction dont « les Thanatonautes », « Le père de nos pères », et la trilogie « La troisième humanité », qui ont changé ma perception de la vie et de la mort.

La sobriété heureuse - Pierre Rabhi
Agriculteur, écrivain et penseur français d'origine algérienne, Il défend un mode de société plus respectueux de l'homme et de la nature. Il soutenait le développement de l'agroécologie par son expérience d'agriculteur en terrain hostile.

…

Très peu de femmes sont en premier plan, mais je suis convaincu que derrière chacun de ces grands hommes se cachent très certainement de grandes femmes.

Portez-vous bien, prenez soin de vous et des gens autour de vous…

« L'éducation est l'arme la plus puisante pour changer ce monde »
Nelson Mandela

Sortons nous les doigts

Remerciements

Merci Mère Nature, merci aux arbres qui ont permis de pu-
blier ce livre.
Merci à tous ceux qui m'ont inspiré.
Merci à tous mes amis, et à tous mes amours.

Merci pour votre attention.

Merci la Vie d'être aussi passionnante.